JN294379

3Dは本当に「買い」なのか

キネマ旬報映画総合研究所・編

キネ旬総研エンタメ叢書

目次

第5章　3D映像を疑う……145

第6章　3D映像の未来……175

序章—3Dブームを正しく理解する

3Dホームエンタテインメント時代の到来

「3D元年」をいつと定義するかは人によって考え方が異なるだろうが、やはりパナソニックの3Dプラズマテレビが発売された2010年こそふさわしい。このプラズマで世界初となるフルHD対応の3Dテレビ『3D VIERA VT2シリーズ』が発売されてからというもの、凄まじい勢いで〝3D〟化の波がコンシューマエレクトロニクスに押し寄せている。今や3Dはテレビだけのものではない。デジタルカメラやゲーム機、携帯電話、プロジェクターなど、あらゆる分野で3D化が押し進められている。

3D VIERA VT2シリーズが発売されたのは2010年4月。本稿執筆時点である2011年4月までの間、たった1年という短期間で、これだけ家電業界で3D化が進行しているのは驚異的と言うほかない。家電メーカーを車のディーラーに、3Dを電気自動車に置き換えるならば、この事態は、カーディーラー

2010年4月に登場したパナソニックの旗艦モデル『TH-P54VT2』。3Dホームエンタテインメントの中心となる3Dテレビの中でも、その存在感は群を抜いていた。2011年3月に登場したVT3シリーズと入れ替わるように、生産を完了。

が扱う車の大半が電気自動車になってしまい、ガソリン車を扱っているディーラーを探すのが困難になってしまっている――ようなものである。

このように3D対応のハードやソフトが揃い踏みするということは、すなわちテレビを中心に、家電メーカーや映像産業、放送業界、ゲーム業界など、複数の企業による様々なジャンルの製品やコンテンツが複雑に絡み合う巨大な〝3Dエコシステム〟（※1）がいずれ形成されるであろうことも示唆している。このエコシステムがうまく循環するようになれば、自ずと3Dの市場規模は拡大し、世界の経済発展にも大きく寄与することになる。

しかし、ここにきてなぜ3Dなのか？と小首をかしげる方もさぞかし多いだろう。だが、それはテレビの歴史を紐解いてみれば、自ずと明らかになる。

端的に言えば、テレビの歴史とは、「よりリアリティーのある映像を創り出すことへの挑戦」の足跡でもあった。日本では1960年代に白黒テレビ、1970年代にカラーテレビ、

※1　**エコシステム**
元は〝生態系〟（Ｅｃｏｓｙｓｔｅｍ）を示す科学用語。しかし、多種多様な生物が食物連鎖を通じてお互いに依存関係にあるという意味から転じて、特定の業界に関わる複数の企業が協調しながら活動することによって、業界全体の収益構造を維持・発展させようという動きを指すビジネス用語としても用いられるようになった。

1980～1990年代にかけてはブラウン管テレビの大画面化が進行し、2000年代には大画面かつ高精細を実現したデジタルフルHDテレビが登場した。白黒↓カラー↓大画面↓高精細。これはひとえに、ライブ感（生々しさ）追求のための進化だ。

そして、「高精細」から伸びる矢印の先に究極のライブ感を提供する「3D映像」があるのは、必然と言えるだろう。

3D映画の大ヒットが果たした役割

3Dという映像表現は、テレビというビジュアルシステムが歩む必然的進化だが、現在の3Dブームは別の意味でも「必然」だった。2000年代後半の映画業界で3D映画が次々とヒットを記録したことが、家電メーカーが3Dに注力する上での大きな原動力となったのだ。その3D映画の先鞭をつけたのが、2005年に公開されたディズニーのCGアニメ「チキン・リトル」である。

本作は全米で2D版と3D版が並行上映されたが、3D版が上映されたのは当初たったの88館。しかも3D版は2D版に比べて、料金が1・5～1・8倍に設定してあった。普通に考えれば、3D版の客足は遠のくはず。しかしふたを開けてみると、3D版上映館1館あたりの平均興行収入（入場料売上）は2D版の約3倍だったという。

もし2Dと3Dの1館あたりの観客数が同じなら、売上は料金の差だけで1・5~1・8倍に留まるはずだが、これが3倍になったということは、単純計算で3D版上映館の観客数は2D版の2倍近くあったということになる。客足が遠のくどころか、実際には皆こぞって3D版を観に行ったことになる。

「チキン・リトル」以降、北米では次々と3D映画が公開されていったが、中でも別格と言えるのが2009年12月に公開されたジェームズ・キャメロン監督による本格的な3D映画「アバター」だ。本作は公開後わずか39日間で世界興行収入18億5500万ドルを叩き出し、全世界歴代興行収入記録1位を獲得した。ちなみに、それまでの間1位を保持していたのも同監督の「タイタニック」だが、同記録の達成には約1年半を要している。いかに本作が、ひいては3Dという新たな映像表現が、観客から圧倒的な支持を獲得したかが分かる。

このような、映画スタジオによる3D映画の成功を受けて、家電メーカーは3Dテレビに対する取り組みを積極化していく。ハリウッドで売れているのなら、家電で同じことを実現すれば必ず売れるはず——というわけだ。

「映画でいけるなら家電でもいける」という発想は、かなり短絡的に感じるかもしれないが、実際のところオーディオビジュアルの分野での過去のヒット商品は、映画業界でのブームを忠実に再現することで生まれたケースが驚くほど多い。

例えば、オーディオビジュアル商品の代表格であるテレビは、従来映画館でしか観られなかった映像を、家庭で見るための商品として開発された。以降、映画がカラーになれば、それを追いかけるようにカラーテレビが生まれ、映画館でしか楽しめなかった高精細な画質をそのまま味わえるように、フルHD規格が生まれた。

こうして見ると、テレビが愚直なまでに映画業界の道程を後追いしているのが分かるだろう。映画での流行をいち早く察知し、それを自らの製品に組み入れることは、家電メーカーにとって黄金の成功方程式なのだ。

３Ｄブームは果たして本物なのか？

３Ｄ元年は、こうして２０１０年に幕を開けた。漠然とした、しかし楽しげな未来を感じさせる「３Ｄ」は、マスコミにとって格好の題材だ。中でも３Ｄテレビはテレビや雑誌、ネットなどでも大いに取り上げられ、予想通り新しいもの好きなユーザーの話題をさらった。こうした流れを受け、３Ｄ化はテレビ以外にも波及し、携帯電話やニンテンドー３ＤＳ、デジカメなど、様々なハードで３Ｄ対応の製品が登場している。こうした状況だけ見れば、まさに３Ｄ製品の百花繚乱というべき状況である。

ただ、その一方で、このブームは果たして本物なのだろうか、という疑念を持っている方も少なからずいることだろう。例えば、２０１１年1月27日に社団法人電子情報技術産業協会（ＪＥＩＴＡ）が発表した「３Ｄ対応機器国内出荷実績」によると、２０１０年10～12月出荷の薄型テレビ全体における３Ｄテレビの構成比は3・8パーセントであり、３Ｄテレビの主軸が揃う37インチ以上に限定した場合でも、約10パーセントに留まっている。この結果を予想外の販売苦戦と見るか、それとも善戦と評価するかは難しいところだが、「皆がこぞって３Ｄテレビを買っているという状況ではない」ことだけは確かだ（この数字は第6章でもう一度取り上げる）。

自分にとって3Dが必要かどうか、見極めよう

しかし、こうした結果だけを見て、「3Dというビジュアルシステムに一般ユーザーが背を向けた」と結論づけるのはあまりに気が早い。2008年のリーマンショック以降、長らく続く国際的な経済不況の影響で、消費者は高額商品というだけで敬遠するような風潮もあるからだ。

また、3Dハードは実際に映像を見てみないと、その真価が分からない製品でもある。テレビのCMや雑誌記事などでいくら取り上げられたところで、3D特有の視聴感覚まで体感することはできない（今現在、家庭にあるテレビは3Dではないのだから）。普通の薄型テレビなら通販などでスペックだけを確認し、実際の製品は見ずとも購入を決めるということもできるが、3Dテレビについては実際にその立体感覚を体験してみなければ、購入を決意するまでには至らないのだ。

一般的に、ある製品がすでに爆発的ブームになっている場合、その流れに乗って製品を

買ってしまっても、大抵は損をすることはない。長いものには巻かれろ、とはよく言ったもので、売れている製品ならば、買っても大きな間違いはない。

しかし、3Dテレビのように、普及するかしないかの瀬戸際にあるような製品を買う場合には、消費者の製品に関する予備知識が求められる。製品の善し悪しを決めるのは、他の誰でもない、まさに消費者自身なのだ。3Dテレビはあなたにとってはまったく必要のないものかもしれないし、その一方で、あなたの人生を大きく豊かにするような素晴らしい福音である可能性もある。この見極めを正確に行なうためには、まず第一に3Dに関して正しい知識を身につける必要がある。

例えば、そもそもなぜ3D映像が「立体的に」見えるのか説明できるだろうか。映画館の3Dシステムが1種類だけでなく、何種類も存在していることを理解しているだろうか。

3D映像を見続けていると健康に影響があるのかどうか知っているだろうか。もしそれらを知らないまま、3Dに対して三行半を叩きつけたり、考えなしに飛びつくなら、それはあまりに早計だ。

本書は、3Dに関する基礎知識やビジネスの現状、今後の趨勢などを解説していくことで、読者の皆さんに3Dに関する正しいリテラシーを身につけていただくことを目的としている。6章構成になってはいるが、順を追って読む必要はなく、目次を一瞥して気になるページから読んでいただいても構わない。どこから読んでも理解できるように、できる限り専門用語を使うことは避け、極力分かりやすい解説を心掛けた。

3Dリテラシーを身につけるにあたって求められるのが、知識の収集である。しっかりとした知識を身につけることで、自分にとって3Dが必要なのか、それとも不必要なのかを、他の誰でもない、自分自身で見極めることこそが重要なのだ。

「3Dについて、色々と調べなくちゃいけないなんて面倒だなぁ」と思われる方も多いだろう。しかし、単に世の流行りに乗せられるのではなく、まさに自身の目利きの能力をもって3Dの要不要を判断できると思えば、なかなかに愉快ではないか。家電メーカーや映画スタジオなど、世界に冠たる巨大企業が渾身の決意で仕掛けた3Dブーム。その取捨選択の権利は、あなた自身に委ねられているとも言えるのだ。

3Dの善し悪しを決めるのは自分。そんなポジティブな気持ちで、本書をお読みいただければ幸いである。

第１章　３Ｄ映像の基本を知る

3Dの仕組みって、一体どうなってるの？

２０１１年現在、テレビやゲーム機、デジタルカメラなど、様々なジャンルで、３D対応を謳った製品が登場している。「３Ｄ」すなわち「ｔｈｒｅｅ ｄｉｍｅｎｓｉｏｎｓ」は、日本語に訳せば「３次元」。今までの映像が２Ｄ（２次元）という平面世界しか表現できなかったのに対し、３Ｄ製品はそこにプラスアルファとして立体や奥行き感をも提供するというわけだ。

しかしながら、一口に３Ｄといっても、テレビやカメラ、ゲーム機など、その機能が搭載された製品のジャンルは多岐にわたる。ハードの種類が異なれば、この３Ｄのメカニズムもまったく異なる――と考えがちだが、実は最近になってにわかに登場した３Ｄハードの基本原理はどれもまったく同じなのである。３Ｄの基本原理――それは左右の目に異なる映像を見せるというものだ。

そのメカニズムを説明するにあたって、まず人間はどうやって立体を認識しているかということを理解する必要があるが、それには良い方法がある。まず目の前に、指でもペンでも何でもいいから置く。次に、目の前に置いたその対象物を左目、右目だけで順番に見つめてみると……。

左目で対象物を見た視界と、右目で対象物を見た視界が、微妙にズレていることに気づくだろう。対象物を手前に移動し、同じように左右の目で見ると、視界のズレはさらに大きくなるはずだ。一方、対象物を奥へ持っていき、徐々に目から離していくと、位置のズレは小さくなっていく。これを「両《りょう》眼《がん》視《し》差《さ》」と呼ぶ。人間の左右の目が約6センチ離れていることによって生じる、左目と右目の視界のズレのことだ。

また、先ほど対象物を近づけた際、あ

左右の目で順番に見る

なたの目は、どのようになっていただろう。きっと寄り目になっていたはずだ。そして、対象物を遠ざけた場合は、寄り目の状態が薄れていき、通常の状態に戻っていたことだろう。

こうした両眼の動きを「両眼の輻輳《ふくそう》」と呼ぶ。さらに左目―対象物―右目を直線で結んだ際に対象物を頂点として生じる角度のことを「輻輳角《ふくそうかく》」と言う。人間は近景を見る場合は、寄り目になって対象物と両眼の視線を結ぶ線の角度、すなわち輻輳角が大きくなり、反対に遠景を見る場合は、輻輳角が小さくなる。

つまり人間は、両眼視差によって生じる、左目と右目で見た画像の誤差を元に脳内でひとつの映像を合成し、立体感のある映像を作り出しているのだ。これに加えて、両眼の輻輳の働き

両眼視差のメカニズム

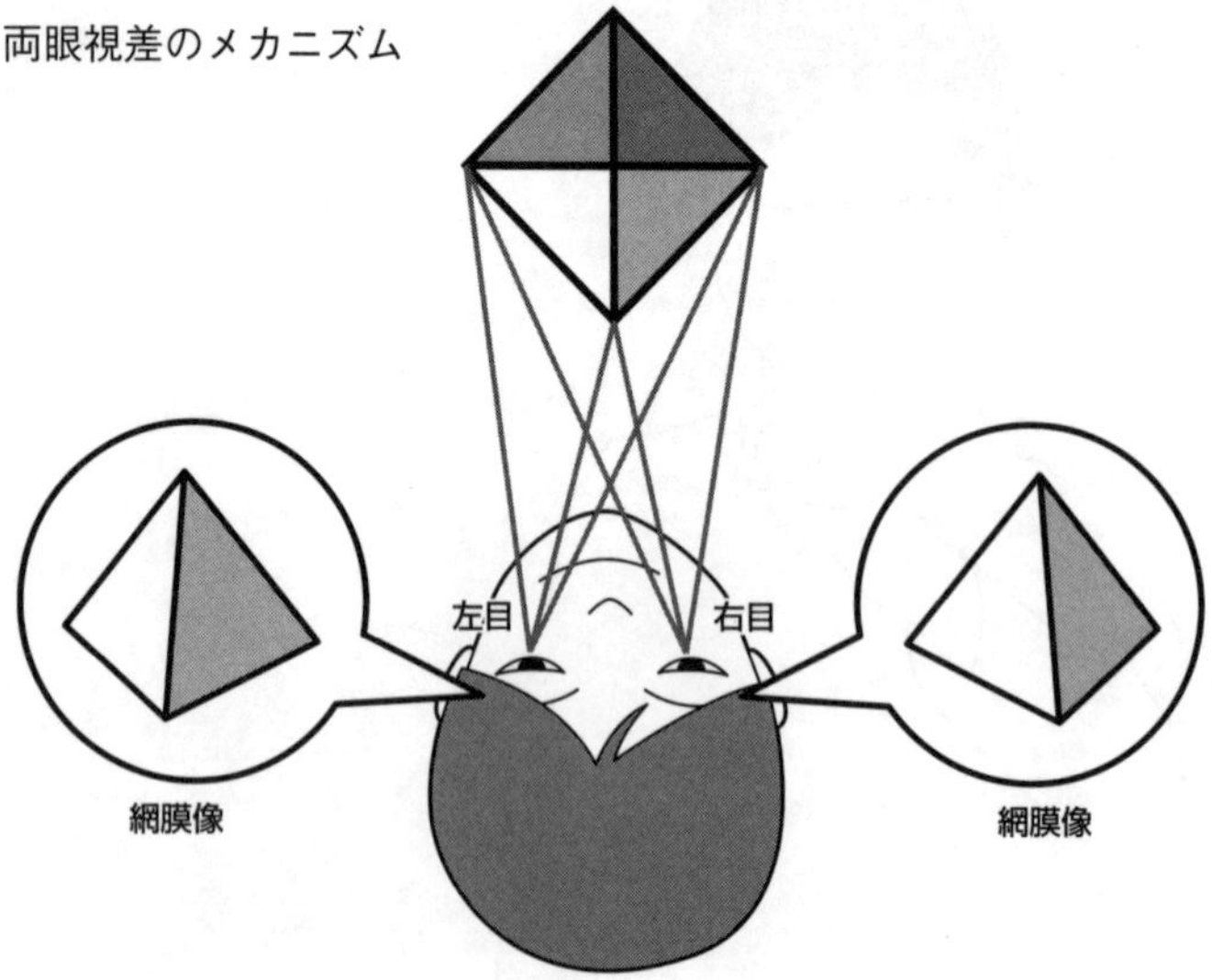

も組み合わせることで、対象物との距離感を得ている。

眉唾に感じる方は、試しに片目だけで、ものを取ったり摑んだりしてみてほしい。両目で行なった場合と比べると、なかなか上手くいかない。なぜなら人間は片目だけでは立体視が行なえないため、立体感や距離感を得ることができなくなってしまうからだ。このことはつまり、「立体感と距離感を得るには、両目で得られる視界が必須である」ことの逆説的な証明に他ならない。

そして、現在の3D表示システムの多くは、この「両眼視差」と「両眼の輻輳」を人工的に再現したものである。〝両眼視差〟とか〝輻輳〟などという専門用語を出すと、ちょっと難しく感じるかもしれないが、要は、立体視の基本原理は「左右の目に別々の画像を見せること」ということだ。

もちろん、別々の画像といってもどんな画像でもいいわけではない。人間の左右の視界のズレ、つまり両眼視差を忠実に再現した画像でないと立体視はうまく生じない。そうした画像を作り出すには、人間の左右の目の距離にほぼ等しい、約6センチほど離して配置したカメラで同一被写体を撮影する必要がある。

こうして作成したズレのある2枚の写真を左右の目で別々に見ることで、人は立体感を得ることができるのだ。つまり、3Dの表示システムを構築するにあたっての最大の勘所は、両眼視差を再現した2系統の映像を用意し、それらをどうやって左右の目それぞれに見せるか、という部分に尽きるというわけだ。

映画の「立体映像」のようには見えないの？

ただし、注意したいのは、両眼視差を利用した立体画像は基本的に「ある特定の方向・場所から見た場合に見える立体」に過ぎないということだ。3Dというと、よくSF映画やアニメに出てくるホログラムのような立体映像を想像してしまいがちだが、ここで紹介している3D表示装置では、いくら回り込んだり首をかしげたりしても、物体の側面や裏側を見ることは決してできない。なぜなら、その3D画像を構成しているのは、あくまで固定位置のカメラから撮影された2枚の画像でしかなく、それ以上の情報を含んではいない。元々2Dに過ぎなかった画像に、追加でもう1枚の画像を加えたことで、決め打ちの立体感と奥行きが加わっただけなのだ。

例えば人物の正面を３Ｄ写真で撮ったとしても、立体に見えるのは正面の部分だけで、写真に写っていない部分、背後や側面などは、どうしたところで見えない。だから３Ｄ画像を見る際に、どんなに視点の位置を変えてみても、立体感と奥行きの程度はまったく変わらないし、それどころか、あまりに視点を移動させ過ぎると、左右の目に別々の画像を入れることができなくなってしまい、立体視自体が成立しなくなってしまう。

この話は、「スターウォーズ エピソード４　新たなる希望」冒頭に出てくるレイア姫の立体映像のような世界を期待していた人にとっては、残念に感じるかもしれない。しかし、だからといって、３Ｄという映像表現が視聴者にいまだかつてないビジュアル体験をもたらす存在であるということに違いはない。立体感と奥行き、これだけの情報が加わっただけでも、２Ｄと比べれば映像の臨場感は比較できないくらい飛躍的にアップするのだ。

３Ｄ表示装置ってどんなものなの？

前述したとおり、３Ｄ表示システムとは、人間の左右の目に別々の画像を見せるメカニズムのことである。このように３Ｄの基本原理自体は至ってシンプルなものだが、これを人工的に再現しようとなるとなかなかに難しい。

もちろん、静止画の立体視装置程度であれば、比較的簡単に実現できるし、実はそうした製品は昔から存在している。例えば、19世紀半ばに登場したステレオスコープ（後述）や、1992年頃に流行したステレオグラム本などもそうだ。ステレオグラム本は、ペアになった左右の画像を寄り目で見つめることで、ふたつの画像を重ね合わせ、擬似的な立体感を生じさせるというものだ。

昔からあるなら、技術的には大したものではないと思われるかもしれないが、ステレオスコープやステレオグラムは、いずれも動画ではなく静止画を3D表示させるためのシステムであり、比較的簡単に作り上げることができる。一方、3D表示システムを動画で実現しようとした場合、技術的なハードルは一気に跳ね上がる。というのも動画は静止画とは異なり、連続した大量の画像群によって構成されているからだ。

一般的に動画は毎秒30コマの速度で画像を次々と切り替えて表示しないと、滑らかな動きには見えないと言われている。3Dの動画を作るためには、左右の目に別々の動画を見せなければいけないので、2本の動画を用意する必要がある。もちろん左右の動画は完全に同期していなければならず、少しでも左右の動画を表示するタイミングがずれてしまうと、意図しない残像が出てきてしまったりと、たちまち立体感は失われてしまう。しかも、これらの動画は左右の目に別々に見せなくてはならない。左目用の動画が右目で見えてしまったらダメだし、もちろん逆も同様だ。

「完全に同期した2本の動画を、左右の目それぞれに見せる」

言うは易く行なうは難しではないが、基本原理は非常にシンプルなものの、これをいざ

3D 動画における同期のメカニズム

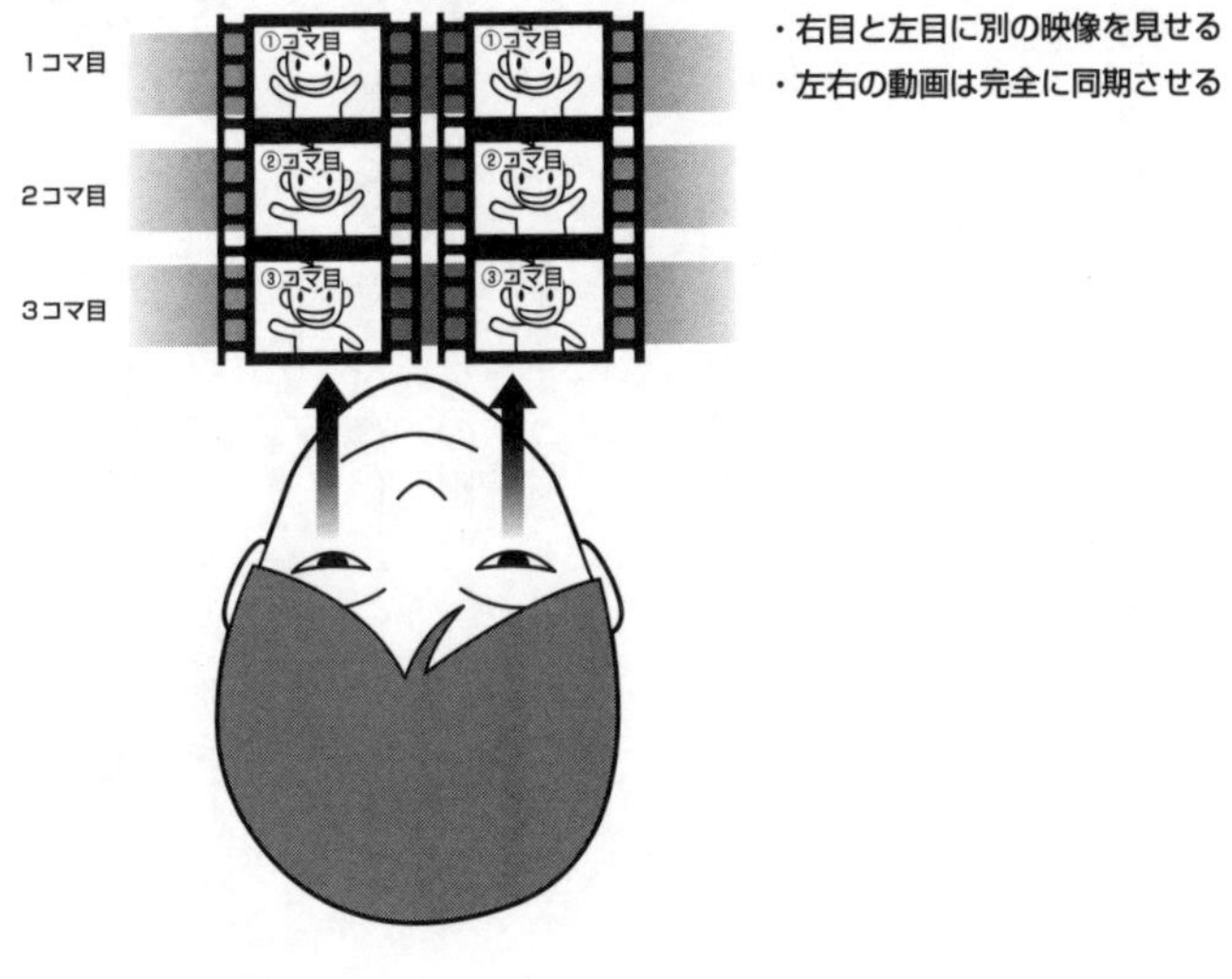

メカニカルに実現しようとすると、そうそう簡単にはいかない。

しかし、メーカーの技術者とは凄いもので、現在の3Dテレビや3D映画などは、こうした3D表示システムを様々な方法を用いて実現してしまっているのだ。しかも〝様々〟と言ったように、3D表示システムのメカニズムはオンリーワンではない。「左右の目に別々の映像を見せる」という3Dの表示方式には、実に多種多様な方式が存在しているのだ。これは第3章で詳述するが、シャッター付きのメガネを使ったり、テレビの画面に特殊フィルターを貼ったりなど、まさにメーカーの発想力や技術力が試されるような、混沌とした状況となっている。

目指す基本原理はまったく同じなのに、そのアプローチには実に多種多様な方法がある、というのが3D表示システムをめぐる現状と言えるだろう。

3Dの元祖『ステレオスコープ』って？

最新の3D表示システムについては第3章にその説明を譲るとして、ここでは過去から連綿と続く、立体視への取り組みの歴史を紐解いていこう。

左右の目の位置の違いから生じる視点のズレ、すなわち〝両眼視差〟を利用して、人工的な立体感を作り出す3D映像。3Dという名称の響きが持つ、独特のSF的ニュアンスからして、おそらく多くの読者が近年になって生まれた新しい技術だと思われるかもしれないが、実は3D映像の起源は相当に古い。

その起源は今を遡ること約180年前、1830年代にイギリスの物理学者であるチャールズ・ホイートストーンが3D映像の元祖と言える〝立体鏡〟の論文を発表したことに端を発する。その後、1840年頃にはこのアイデアを元に『ステレオスコープ』と呼ばれる立体視装置が登場。さらには立体写真を撮影するためのステレオカメラまで発明されるなど、当時のイギリスでは3Dがかなりのブームになったと言われている。

ステレオスコープの仕組みは至極単純で、基本的にはメガネの中央に仕切りを設け、左目と右目に別々の写真を見せるというものだ。外観は、少々大振りなオペラグラスの先に立体写真のフレームが取り付けられているような雰囲気をしている。

しかし、こんなシンプルな装置でも立体視の感覚はそれなりにあるため、当時の人々の間で相当な驚きを持って迎えられたことは想像に難くない。それもそのはず、カメラ自体の発明が1820年頃なのに、そこからたったの10年ほどで立体写真が登場したのだから、ビジュアルシステムの進化としては、ちょっと考えられないスピードである。

程なくして、このステレオスコープは、スイス人の写真家であるピエル・J・ロシエによって1860年頃に日本にも伝えられることになる。ロシエは横浜開港当時の模様を立体写真で撮影した人物で、そのうちの何点かは横浜開港資料館に現在も保存されている。よほど歴史に詳しくなければ〝ロシエ〟と言われてもあまりピンと来ないかもしれないが、

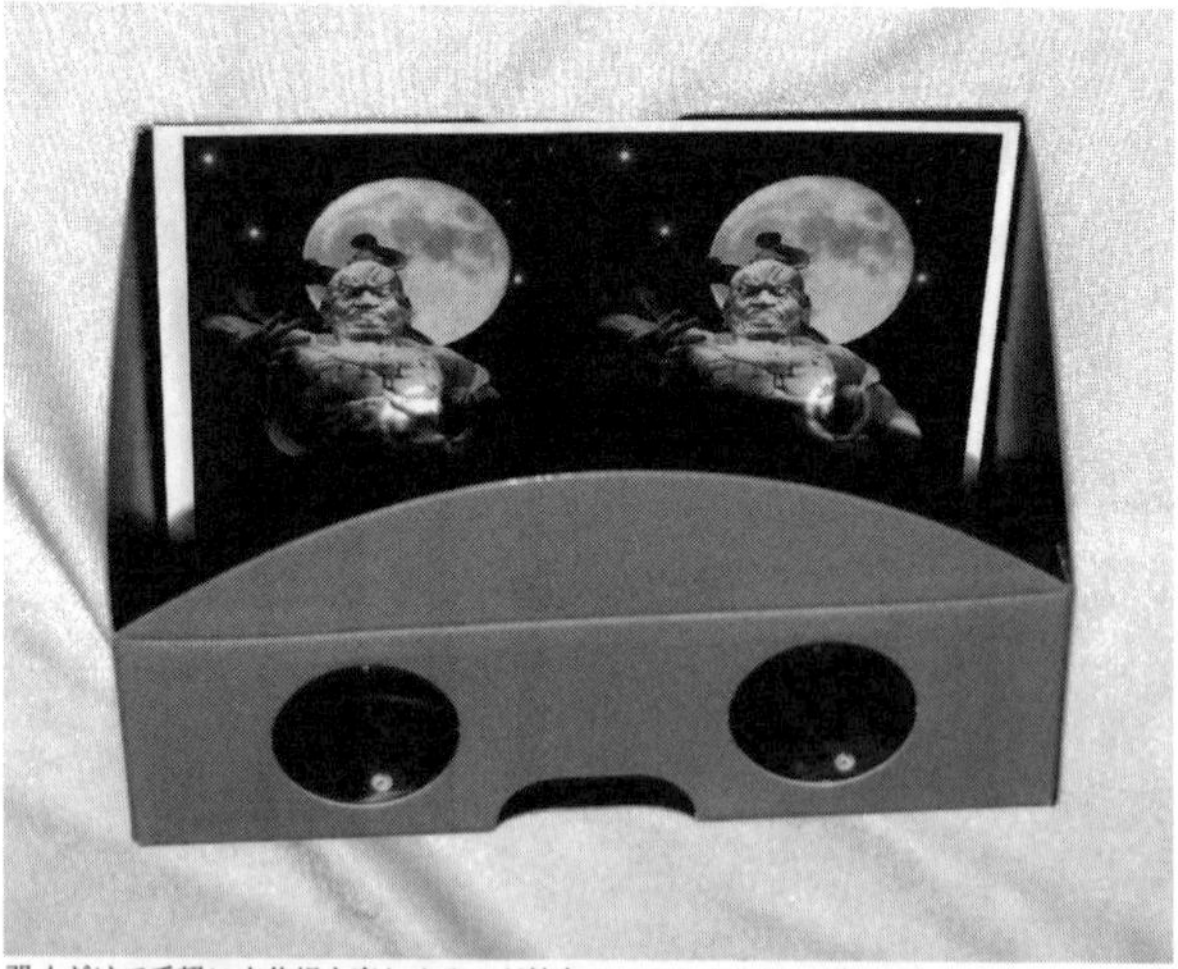

覗くだけで手軽に立体視を楽しめるのが魅力のステレオスコープ。

『ステレオビュアー』

URL：http://www.21j.com/3dviewer/

このロシエ、実は意外な有名人だ。教科書などで見かけたことのある、坂本龍馬や高杉晋作など、幕末期の志士たちのポートレートを数多く撮影した写真家・上野彦馬が師事した人物なのである。おそらくロシエから伝え聞いたのだろう、上野彦馬も自身の著書でステレオスコープについて触れており、その存在については重々承知していたようだ。

そう考えると、ともすれば、かの有名な坂本龍馬の写真が立体写真だった可能性もあったわけで、実際にそうなっていたら、3Dという写真文化は日本人にとって今よりずっとお馴染みの存在になっていたかもしれない。

赤青メガネの『アナグリフ』って何？

こうして世界中でブームになったステレオスコープだが、通常の2D写真と比べると、立体写真の作成に手間がかかるため、手軽に楽しむわけにはいかなかった。ブームは徐々に下火となり、やがて沈静化していく。次に3Dが脚光を浴びるのは、時と場所を大きく移した1950年代のアメリカ。ここで登場したのが『アナグリフ』と呼ばれる3D表示技術を用いた立体映画だ。

アナグリフという呼び名は知らなくても、〝赤青メガネ〟と聞くと30代後半以降の方たちはピンと来るに違いない。平成生まれの若い人にはあまり馴染みがないかもしれないので改めて説明すると、実はこのアナグリフ映画、1970年代頃にかなりのブームになっており、〝立体写真キット〟などと銘打って子供向け雑誌の付録になったり、映画が製作されたこともある。

例えば、1969年には東映が「東映まんがまつり」中の1本である「飛びだす冒険映画 赤影」をアナグリフ映画として公開。その後、1973年に「飛び出す人造人間キカイダー」、続く翌年にも「飛び出す立体映画 イナズマン」を放映している。

そのため、この年代に少年期を過ごした世代には、〝3D〟と言われると「ああ、あの赤青メガネのやつね」と思う人が圧倒的に多い。ただし、正直なところ、アナグリフは立体視装置としては荒削りであったため、30代後半以降の方は3Dに対してあまり良い印象を抱いていない傾向がある。

アナグリフの基本的な仕組みは、青と赤それぞれのフィルターを付けた2台のカメラで撮影した映像を、同じく赤と青のフィルターを付けたメガネを通して見ると、左右の目に分離した映像が入ってくるというものだ。左右の目に別々の映像が入ってくることで両眼視差が生じるため、擬似的な立体視が生じる。

ただ、アナグリフは非常に原始的な仕組みのため、左右の目にきっちりと別々の映像を分離させるということは難しく、左目に右目用の映像が見えてしまったりと立体感の再現性は低かった。しかも、赤と青のセロハンを通して映像を見るため、当然のごとく映像の色味は赤と青だけになってしまう。そのため、長時間の視聴に耐えうるものではなかった。とにかく目が疲れるのだ。

加えて、演出やシナリオ共に完成度の高い

現在でもアナグリフメガネは入手可能だ。かつての形に比べると、洗練されているのが分かる。
『金属フレーム高級アナグリフグラス（赤青メガネ）』
URL:http://www.21j.jp/3dana/

通常の2D映画と比べると、3D映画は（言い方は悪いが）見世物小屋的なビックリ映画の色合いが濃く、目の肥えた映画ファンを満足させる内容たりえなかった。こうしてアナグリフは徐々に飽きられ、ブームはあまり長続きしなかったのだ。

『アナグリフ』はDVDソフトでも使われているの？

しかし、かつてのブームは望むべくもないものの、アナグリフは現在でもしぶとく生き残っている。というのも、アナグリフにはアナグリフのメリットがあるのだ。なんといっても、制作コストが非常に安い。アナグリフ用の3Dメガネは、目の部分に赤と青のセロハンを貼ってあればオーケーという至極安上がりなもの。現在でも、立体写真を扱った書籍や雑誌などでは、赤青メガネを付録にしているものが時折見受けられる。

また、過去にはDVDソフトとしても、2004年に「スパイキッズ 3-D：ゲームオーバー 飛び出す！ DTSスペシャルエディション」、2009年に「センター・オブ・ジ・アース 3Dプレミアム・エディション」がそれぞれアナグリフ方式の3Dメガネ付きで発売されている。

こうしたアナグリフ式のＤＶＤビデオは、通常のテレビでも３Ｄ映像を表示できるため、手っ取り早く３Ｄ映画をパッケージ販売したい映像メーカーにとっては、非常に都合の良い方式だった。しかし、よりフルＨＤ解像度（※２）の高品質な３Ｄ映像を楽しめるＢｌｕ－ｒａｙ ３Ｄ（※３）による映像コンテンツの供給が始まった今、アナグリフ式の３Ｄはその役割を終えようとしている。いずれアナグリフ方式による３Ｄの映像コンテンツは完全に姿を消し、書籍や雑誌などで簡易的に３Ｄ画像を見せる手段としてのみ、細々と生き残っていくことだろう。

※２　解像度
テレビの画面は、ピクセル（画素）と呼ばれる色付きの点から構成されている。画面解像度とは、このピクセルの総数を示すもので、数値が大きければ大きいほど画像表示が緻密なものとなる。

※３　Ｂｌｕ－ｒａｙ ３Ｄ
ブルーレイ・ディスク規格のひとつ。ブルーレイ・ディスクに３Ｄ映像を収録する際の仕様や、プレーヤーやレコーダーなど３Ｄ対応ハードウェアの仕様について定めたもの。現在の３ＤテレビもＢｌｕ－ｒａｙ ３Ｄ規格に基づいたハードという位置づけになる。３Ｄ映像では左目用と右目用の２種類の映像が必要であり、本来は２Ｄ映像の２倍のデータ量が必要になるが、データ圧縮技術により約１・５倍の増加に抑えている。

3Dってどんなサービスや製品で採用されてるの？

3Dというと映画やテレビだけを連想してしまいがちだが、実は3Dが利用されているのはそうした分野だけではない。2011年4月現在において、3Dは実に様々な製品やサービスで採用されているのだ。

例えば有名どころでは、2011年2月26日に発売された、任天堂の携帯ゲーム機『ニンテンドー3DS』（以下、3DS）がある。本機は上下2画面のディスプレイのうち、上画面に裸眼3Dディスプレイを搭載。「裸眼3D」と言うだけあって、専用メガネを装着したりしないで立体視を楽しめるのが特徴だ。3DSの裸眼3Dについては第3章で改めて説明するが、3Dという表現方法が可能になったことで、今までのゲーム機にはない立体感や奥行きを利用したプレイができるようになり、より没入感にあふれるゲーム体験を味わえる。

発売日には3DSを一刻も早く入手しようという熱心なファンたちが大手家電量販店などで長蛇の列を作り、そうした模様はテレビやネットでも大いに取り上げられたため、印象に残っている人も多いだろう。

また、携帯電話でも３Ｄディスプレイを採用した製品がにわかに現れ始めた。先陣を切ったのが、２００９年２月にａｕから発売された日立製作所製『Ｗｏｏｏケータイ Ｈ００１』だ。本機は携帯電話では世界初となる裸眼３Ｄディスプレイを搭載し、写真やゲーム、動画など、様々なコンテンツを立体的に楽しめるようになっている。

その後も、裸眼３Ｄディスプレイを搭載した携帯電話としては、ＮＴＴドコモから２０１０年12月３日にＡｎｄｒｏｉｄ ２・２搭載のスマートフォン『ＬＹＮＸ ３Ｄ ＳＨ－０３Ｃ』が、ソフトバンクからは同年12月17日にＡｎｄｒｏｉｄ ２・２搭載のシャープ製スマートフォン『ＧＡＬＡＰＡＧＯＳ Ｓｏｆ

2011年2月26日に発売された『ニンテンドー3DS』。

tBank 003SH』がリリースされた。

つまり、これは国内の主要3キャリアが揃って〝3D〟という新たなサービスをユーザーに対して打ち出してきたということを意味する。もちろん、「携帯電話に3D表示機能など必要か？」という懐疑的な声はある。だが、今や携帯電話にとって当たり前の機能になっているワンセグやおサイフケータイも、登場の頃は果たして普及するのかと疑問視する声も少なくなかった。そう考えると、いずれ3Dが携帯電話にとって標準的な機能のひとつとして見なされる可能性もある。

そのほかのデジタル家電で3D機能を搭載したハードを列挙していくと、デジタルカメラやデジタルビデオカメラ、フォトフレーム、Blu-rayプレーヤー&レコーダーなどがある。ご覧の

GALAPAGOS SoftBank 003SH
2010年12月17日にシャープが発売した"3Dエンターテイメントスマートフォン"。視差バリア方式（P.119参照）を採用し、裸眼での3D立体視を可能としている。また、2D-3D変換機能や、搭載デジカメによる3D写真撮影機能も搭載。3D映像やゲームを楽しむだけでなく、自前で3Dコンテンツを作成できる点も大きな魅力だ。

URL：http://www.sharp.co.jp/products/sb003sh/

とおり、いずれも家電製品では花形と言えるジャンルのハードばかりであり、メーカーが3Dの普及に対してどれだけ期待を寄せているかが分かるだろう。

こうした製品が多くのユーザーに受け入れられれば、今後、メーカーが3D機能への注力に拍車をかけていくことは想像に難くない。その結果、3Dというビジュアルシステムが瞬く間に普及し、遠くない将来、「3Dはあって当たり前」という状況になる可能性がないわけでもない。

ただし、3D対応のデジタル家電のラインナップが、今後もし少なくなっていくようなことがあれば、それはメーカーが3Dに対して見切りをつけた結果と解釈できる。そうした意味において、3Dムーブメントの成否を見極めるには、今後の3Dデジタル家電の趨勢を注意深く見守っていくことが有効な手段のひとつであろう。

3Dの意外な活用事例って？――医療

一方でこうしたブームとは無縁の3Dもある。それは、医療や学術、テーマパークのアトラクションなどの分野だ。いずれも〝立体感と奥行きのある映像〟という3D表示のメリットに注目し、３Dを単なる流行りの付加価値として扱うのではなく、現場で実践的に活用している。

例えば医療の分野では、内視鏡手術の映像を３Dで表示しようという試みが始まっている。内視鏡手術とは、細長い管の先端につけたカメラを人体に差し入れて、外部モニターに映された人体内部の映像を元に外科的処置を行なうもの。腹部にはカメラと鉗子を差し入れる穴をいくつか開けるだけで済み、大きく開腹する必要がないため、患者への負担が少なく術後の回復も早いというメリットがある。

ただ、医師は患部を直接視認することができないため、通常の開腹手術と比べると手術の難易度は高い。このため、医師が内視鏡手術を修得するには、長い時間がかかると言われている。

しかし今後、内視鏡手術の模様を３D表示できるようになれば、針と糸を使った縫合や、臓器の位置などを立体的に把握することが可能になるため、術者の負担がある程度軽減されるのではないかと目されているのだ。

3Dの意外な活用事例って?——宇宙開発

一方、学術分野では、NASAが火星の3D画像をインターネットで公開している。この画像は、火星探査機の「ローバー」に搭載されたステレオカメラで撮影されたものだ。火星の地表は、これまでも写真で数多く公開されてきたが、3D映像で見る火星の様子は、まるで火星の大地に立っているかのような臨場感があり、多くの宇宙ファンの間で好評を博している。

さらに、2011年に打ち上げ予定の次世代火星探査車「キュリオシティ」には、「アバター」のジェームズ・キャメロン監督が開発に携わった高解像度3Dカメラが搭載されることになっている。キャメロン監督とNASA、この両者に一体どのような関係があるのかと思われるかもしれないが、実はこの邂逅には、いかにもアメリカらしいエピソードが隠されている。

実は、キュリオシティに搭載される3Dカメラは予算縮小の憂き目に遭い、初期に計画されていたものより小規模になる予定だった。これを知ったキャメロン監督はNASAのチャールズ・ボールデン長官に面会し、火星探査という国家的事業に対する一般人の関心を引くためにも、より優れた映像システムを採用すべきだと強く訴えかけたという。

　そうした働きかけの結果、キャメロン監督は3Dカメラ開発プロジェクトの共同研究員として迎えられることになり、キュリオシティには同監督の開発した高解像度3Dカメラが搭載されることになったのだ。

　もし、映画「アバター」に匹敵するような、ハイクオリティーな高解像度の3D映像で火星の地表を見ることができれば、確かにキャメロン監督が言うように一般人の目は釘づけになることは間違いない。打ち上げが予定通

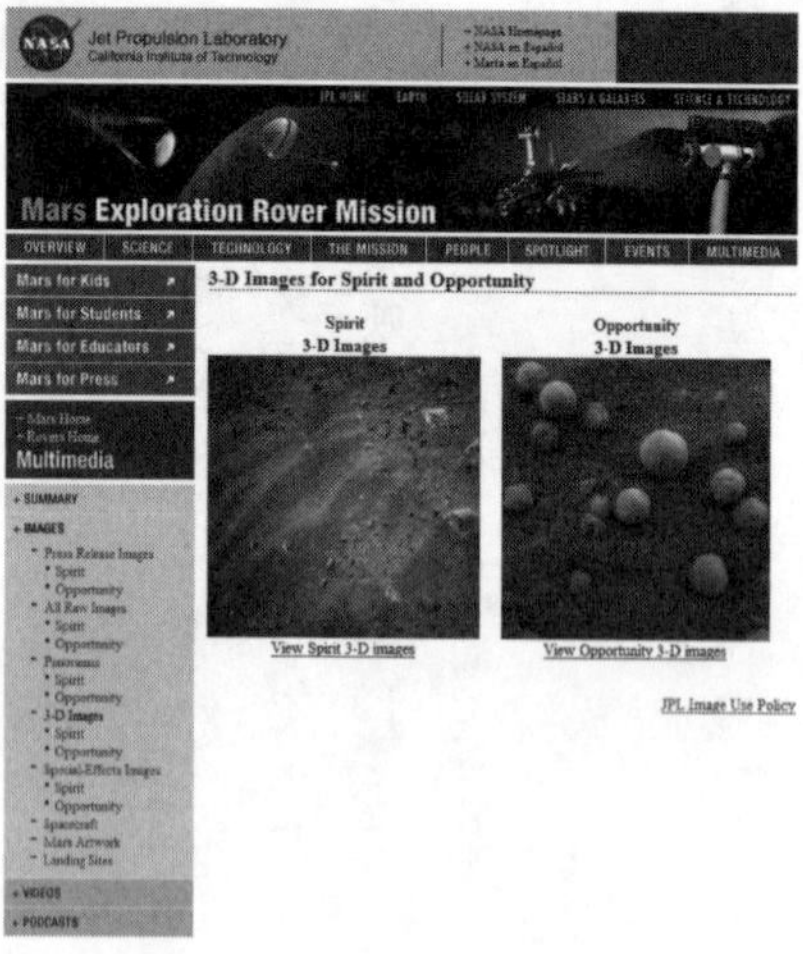

火星探査機「ローバー」が撮影した3D映像。アナグリフメガネで立体視が体験できる写真が公開されている。

URL：http://marsrovers.nasa.gov/gallery/3d/

り行なわれた場合、キュリオシティが火星に到着するのは2012年8月頃とされている。もしかすると、この時期を境にして、3D映画やテレビ以上に3Dブームが再燃する可能性も大いにある。

それでなくてもキャメロン監督は、現在の3Dブームにおける立役者と称すべき存在だ。キャメロン監督が関わった3Dプロジェクトというだけでも十二分に見るべき価値のある映像だと言えるし、おそらくNASAにしても、そうした話題性を期待しての抜擢人事だったのだろう。

3Dの意外な活用事例って？ ——アトラクション

テーマパークのアトラクションについては、東京ディズニーランドやユニバーサル・スタジオ・ジャパンで上映されている3D映画を思い起こす方も多いだろう。

こうしたアトラクションの嚆矢とも言えるのが、1987年に東京ディズニーランドで公開されたマイケル・ジャクソン主演の立体映画アトラクション「キャプテンＥＯ」だ。

少々古い作品だが、日本でもマイケルの死後、２０１０年7月から期間限定でリバイバル上映されていることもあり、若い方でご存じの方も少なくないかと思われる。こうした立体アトラクションの特徴は、単に３Ｄ映画だけを上映するのではなく、演出としてスモークやレーザービーム、ストロボなどを併用することで、映画単体では味わえないような、より臨場感のある刺激的な映像を作り出している点にある。

もちろん「キャプテンＥＯ」以降も３Ｄアトラクションは次々と作られており、最近では東京ディズニーランドが２０１１年1月に総額60億円をかけて「ミッキーのフィルハーマジック」をオープンさせている。一方、ユニバーサル・スタジオ・ジャパンでも「ターミネーター2：3―D」や「シュレック4―Dアドベンチャー」、「セサミストリート4―Dムービーマジック」といった複数のタイトルを擁しており、テーマパーク業界にとって、こうした3Dアトラクションがいかに重要な位置を占めているかが分かるだろう。

つまり、テーマパーク業界にとって3Dアトラクションは、家電業界のように２０１０年以降急速にブーム化したものではなく、集客力のあるビジネスとして成立して久しいのだ。例えば、東京ディズニーランドでは１９８７年に「キャプテンＥＯ」をオープンし、

1996年にクローズさせているが、その翌年には新3Dアトラクション「ミクロアドベンチャー!」を立ち上げている。その後、「キャプテンEO」再演のため、「ミクロアドベンチャー!」はいったん休演となっているが、新アトラクション開設のための準備期間を除き、20年以上3Dアトラクションが途絶えたことはない。

3Dアトラクションは、演出に独自の工夫を設けるなどして、テーマパークならではの体感エンターテインメントに特化した内容になっており、映画やテレビなどの3Dコンテンツとの棲み分けができている。今後も変わらず人気は続いていくことと思われる。

どうしてみんな3Dが気になるの?

2011年4月現在、3Dがひとつのブームとして扱われてきたことは間違いない。フルHDに代わるテレビの新たな進化として家電メーカーは〝3D〟を打ち出し、新製品の目玉として3D機能を搭載している。また、こうした流れはその他のデジタル家電にも波及し、携帯電話やデジタルカメラ、デジタルビデオカメラなどに3D機能が次々と装備されているのだ。さらに映画でも、「アバター」の記録的ヒット以降、3D化された作品が次々と制作されているような状況だ。

そして、こうした3D製品やコンテンツが市場にあまた投入されるということはすなわち、3D関連製品のプロモーションが大手広告代理店を通して積極的に行なわれるということに他ならない。これは具体的には、テレビ番組や雑誌、インターネットでの3D製品の紹介やレビュー、コマーシャルといった広告活動を指す。

つまり消費者の目には(3D製品が実際に売れているか売れていないかは別にして)、否が応でもそうした情報が目に飛び込んでくるため、ユーザーは3Dに対しての興味を植えつけられることになるのだ。

現在の3Dトレンドがもしテレビ業界だけの事象であったならば、それほどのブームにはならなかったかもしれないが、今回はテレビ業界だけでなく、携帯電話やデジタルカメラなど、デジタル家電の主軸と言ってもいい各業界を積極的に巻き込んでのプロモーションが行なわれている。そこに3D映画を擁する映画産業も絡んでくるため、プロモーションの規模はさらに大規模なものと化した。しかも、こうした3Dデジタル家電は2010

年から短期間に急ピッチで市場に投入されたため、プロモーションの密度もそれに応じて濃いものとなったのだ。

３Ｄという表現手法は、過去に何度もブームになったことからして、ユーザーの間でも潜在的に常に待望されているビジュアルシステムであることは間違いない。しかしながら、今回の３Ｄブームがすべて自然発生的なもので成り立っているかというとそれは違う。

もちろん、「アバター」に代表される３Ｄ映画のヒットと、３Ｄというビジュアルシステムへの期待感が、３Ｄブームの火付け役になったことは間違いない。３Ｄブーム発生には必然性があった。ただし、３Ｄブームの種火が急速に燃え広がったのは、映画産業と家電メーカーの思惑に寄るところが大きい。いわば３Ｄブームとは、〝仕掛けられたブーム〟でもあるのだ。

だからもし、周囲で３Ｄ製品が気になるという人がいれば、その大半の理由がこうしたプロモーション活動の賜物であると言えよう。３Ｄブームの仕掛け人たる家電メーカーと広告代理店からすると、まさにしてやったりといった感じだろう。

よくよく考えてみれば、この世に3D製品がまったく存在しないような状況で、いきなり「3Dが気になる！」と思いつくようなことはありえない。そうした意味でも、今回の3Dブームが単にユーザーの間で望まれて生まれ出てきただけではなく、メーカー主導による「まず製品やコンテンツありき」の事象でもあったということが分かるだろう。

とはいえ、3Dが〝仕掛けられたブーム〟だとしても、実際の製品さえ良ければ、積極的に乗るべきという考え方もできる。変に意固地になって、3Dを拒否する必要はないのだ。ただし、3Dについては、製品の自分にとっての善し悪しをカタログや記事、コマーシャルだけで判断するのは難しい。3Dは自分の目で直接見ないと、実感できないビジュアルシステムだからだ。だから、もし気になる3D製品が出てきた場合には、まず、その製品を実際に試してみることが何よりも重要となる。そのためにも、各種の3D製品やサービスが、どこに行けば体験できるのかということは、知っておくに越したことはない。

どこに行けば3D映像を体験できるの？

3D映像を試しに見てみたいというなら、取るべき手段は映画かテレビ、ゲーム、携帯電話、テーマパークということになる。映画とテーマパークについては鑑賞料金が発生するが、その他については家電量販店などで展示されているデモ機を利用すれば無料で3D映像を体感可能だ。

まず、3D映画については、ことさら説明する必要性もないと思われるが、念のため申し添えると、全国の劇場で上映されているので、観たくなったら劇場に足を運べばいい。シネコン系の劇場であれば、ほとんどの場合は、なにかしらの3D映画を上映しているはずだ。なお、鑑賞料金については第3章で詳しく触れているので、そちらを参照願いたい。

ただし、ごくまれに劇場によっては3D映画の上映自体をまったく行なっていない場合もあるので、できれば事前に劇場に3D上映の有無を問い合わせておいたほうが無難だろう。問い合わせは電話で行なっても構わないが、インターネットを使える方なら、各劇場の公式サイトにアクセスすれば、詳細な上映スケジュールを確認できるので便利だ。

もっと手っ取り早く3Dを見たいというなら、家電量販店に行ってしまうのが一番だ。ここでは3Dテレビや3Dケータイ、3Dデジタルカメラなどがひと通り揃っており、デジタル家電の3Dハードをほとんど体感することができる。しかも、見るだけならお金もかからない。あえて難点を挙げれば、あまり長時間居座ることができないことくらいだが、試し程度ならさほど時間はかからないはずだ。

テーマパークのうち、いわゆるレジャー向け施設で3Dアトラクションを行なっているのは、東京ディズニーランドと東京ディズニーシー、ユニバーサル・スタジオ・ジャパン、サンリオピューロランド、ハウステンボスなどがある。東京ディズニーランドと東京ディズニーシーは千葉、サンリオピューロランドは東京、ユニバーサル・スタジオ・ジャパンは大阪、ハウステンボスは長崎にあるため、各所在地の遠方に住む方は気軽に見に行くわけにはいかないのが難点ではあるが、こうした3Dアトラクションは映像だけではなくスモークやムービングシートなどの演出が加味されており、3D映画とは異なった面白さがあるため、機会があればぜひ体験しておきたい。

参考までに3Dアトラクション名を紹介しておくと、東京ディズニーランドでは「キャプテンEO」と「ミッキーのフィルハーマジック」、東京ディズニーシーでは「マジックランプシアター」、ユニバーサル・スタジオ・ジャパンでは「ターミネーター 2：3－D」、「シュレック4－Dアドベンチャー」、「セサミストリート4－D ムービーマジック」、サンリオピューロランドでは「ゲゲゲの鬼太郎　妖怪JAPANラリー3D」、ハウステンボスでは「エッシャー・永遠の滝伝説」をそれぞれオープンしている。

意外な場所でも3D映像を体験できるって本当？

レジャー施設以外でも、テーマパークで3Dシアターを常設している場所がある。それは博物館だ。その代表例と言えるのが、東京都江東区・お台場にある日本科学未来館である。本館には、半球状のスクリーンを設置した112名収容可能のシアター『ドームシアターガイア』があり、世界各地の美しい世界遺産の模様を収めた映画「FURUSATO－宇宙からみた世界遺産－」や、iPS細胞について分かりやすく解説したアニメ映画「Young Alive! ～iPS細胞がひらく未来～」、プラネタリウム作品「バースデイ ～宇宙とわたしをつなぐもの〜」を3D映像で公開している。

日本科学未来館の入館料は大人600円、18歳以下は200円と、なかなかにリーズナブルで、しかも、この入館料さえ支払えば3Dシアターは無料で鑑賞できる。

ただし注意したいのは、3Dシアターとしての人気もさることながら、東京・お台場という有名スポットにあるため、休日になるとかなり混雑してしまい、すぐに定員に達してしまうという点だ。確実に見たいなら、午前中の早い時間帯に入館して、シアターの予約券を入手しておくことをおすすめする。

この他にも、3Dシアターを設置している博物館は多数ある。海洋科学に関する各種展示を行なっている『海のはくぶつかん』（静岡県）や、自動車メーカーであるスズキの歴史を綴った博物館『スズキ歴史館』（静岡県）、防災教育を目的とした公共施設『本所防災館』（東京都）、ソニーが運営するサイエンスミュージアム『ソニー・エクスプローラサイエンス』（東京都）など、例を挙げれば枚挙にいとまがない。実に多種多様なジャンルの博物館で3Dシアターが併設されているのだ。これは博物館という啓蒙活動を目的とした施設において、立体感や奥行きを持つリアリティーのある映像を作り出せる3Dというビジュアルシステムが、現実の展示物に代わる手段としていかに有効であるかを指し示す好例とも言えるだろう。

要は、くだけた言い方をすれば、博物館と3Dは相性が良いということだ。あなたの地元にある小さな博物館にも、もしかしたら、ひっそりと3Dシアターが設置されているかもしれない。興味がある方は調べてみてはいかがだろうか。

第2章—3D映像を観る ①劇場編

3D映画の映写方式ってひとつじゃないの？

現在において3D映像の花形と言えば、なんといっても「3D映画」だ。3Dにはテレビやデジタルカメラ、携帯電話、Blu-ray 3D、ゲームなど、様々なものがあるが、これらの火付け役となったのは、やはり劇場用の3D映画だろう。2009年12月に公開されたジェームズ・キャメロン監督のSF超大作「アバター」以降、多数の3D作品が登場している。

例えば、2010年にはティム・バートン監督によるファンタジー映画「アリス・イン・ワンダーランド」、CGアニメ映画「怪盗グルーの月泥棒 3D」、ギリシャ神話を題材にしたスペクタクルアドベンチャー「タイタンの戦い」など、主だったものだけでも25本もの3D映画が公開された。

2011年になっても3D映画の勢いは衰えず、「パイレーツ・オブ・カリビアン／生命の泉」や「ナルニア国物語／第3章：アスラン王と魔法の島」といった人気シリーズをはじめ、邦画でも「攻殻機動隊 S.A.C. SOLID STATE SOCIETY 3D」

や「トリコ3D 開幕！ グルメアドベンチャー‼」、「ONE PIECE 3D 麦わらチェイス」など、アニメを中心とした多数の3D映画がラインナップされている。

こうして3D映画のタイトルが急増していった結果、熱心な映画ファンのみならず、映画にさほど詳しくない一般人の間でも「3D映画」というジャンルは知名度を上げていきつつある。しかし、これだけ3D映画がひとつのエンターテインメントとして根づいてきているのに、3D映画の「映写方式」に複数の種類が存在していることを知っている人は意外なほど少ない。

もちろん、3D映画の映写方式が異なっても視聴感覚にまったく違いがないのなら、気にする必要はないだろう。好きな劇場で観たい3D映画を鑑賞すれば良い。しかし、実際には映写方式ごとに様々な特徴があり、結果として3D映像にも違いが生じてくる。残念ながら、ファストフードのチェーン店のように「どの店でも同じ味」というわけにはいかないのだ。

3D映画が登場したばかりの頃は、3D映画を上映している劇場の数が少なかったため、いちいち方式を気にして観に行くのは現実的ではなかったが、その後は3D対応の館数は増えている。つまり観客の希望に応じて、3Dの上映方式もある程度は選べる状況になってきているのだ。よくよく考えてみれば、映画を観る場合、スクリーンのサイズや音響などの設備は気にするのに、3Dの上映方式に関しては無頓着なのもちょっとおかしな話である。3D上映方式の内容をしっかりと把握して、自分の好みに合った劇場を選ぶようにしたい。

現在、日本の劇場で採用されている3D映画の映写方式については、左記の5方式が主流となっている。

・IMAX(アイマックス)デジタル3D
・RealD(リアルディー)
・MasterImage(マスターイメージ)3D
・XpanD(エクスパンド)
・ドルビー3D

いずれの方式も専用のメガネ、いわゆる「3Dメガネ」を必要とする点は共通である。メガネなしで3D映画を観られる方式はないものかと思われるかもしれないが、残念ながら、2011年4月現在、専用メガネが不要な裸眼式の映写方式は存在していない。

『IMAXデジタル3D』ってどんな仕組み?

『IMAXデジタル3D』は、カナダのIMAX社によって開発された3D映画の映写システムだ。2011年4月現在、日本でIMAXデジタル3Dのシステムを採用しているのは、109シネマズとユナイテッド・シネマの一部劇場のみであり、数はあまり多くない。

第1章で説明したように、人は、左右の目が約6センチ離れていることによって生じる、左目と右目の視界のズレ、「両眼視差」によって立体感を感じ取っている。映像でこの両眼視差を擬似的に再現しようとした場合、左目と右目に異なる映像を見せる必要が出てくるのだ。

それではIMAXデジタル3Dでは、どのような方法で左右の目に異なる映像を見せているのかというと、「直線偏光方式」と呼ばれるメカニズムで映像の分割を行なっている。直線偏光などと言うと難しく感じるかもしれないが、要は偏光フィルターを用いて左目用と右目用の映像を切り分けているだけだ。

光には、進行方向に対して特定の方向へ波のように振動するという特性がある。振動の方向はひとつではなく、上下だったり左右だったりと光によってまちまちだ。ここから一定の振動方向の光だけを抽出できるのが、偏光フィルターである。

いきなり光が波のように振動していると言われても、にわかには信じられないかもしれないが、実は偏光を利用した製品は身近にも結構ある。中

IMAX デジタル 3D の投影メカニズム

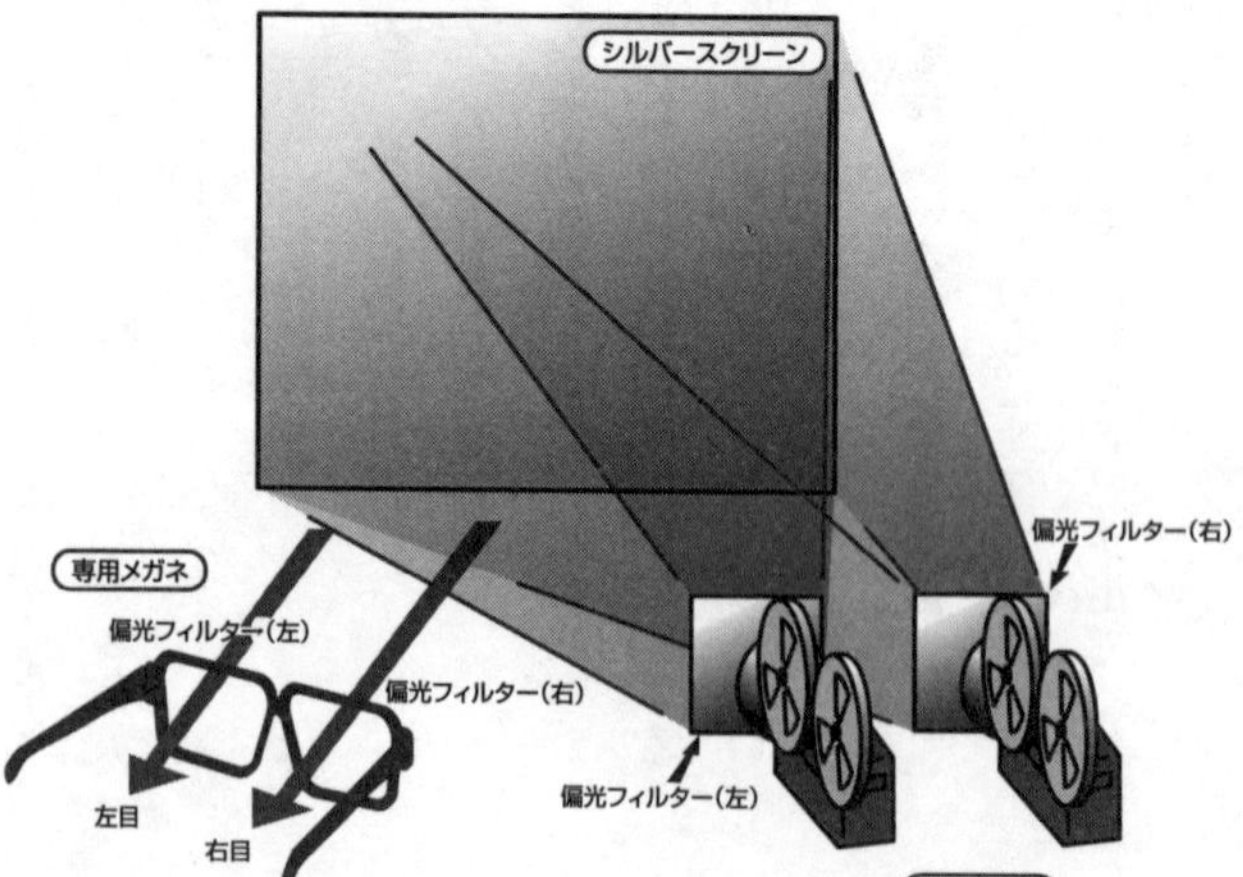

でも有名なものは、カメラの偏光フィルターやサングラスの偏光レンズなどだ。

例えば、偏光レンズのサングラスで乱反射した水面を見ると、ギラギラとした光が消えて水中まで見渡せるようになる。これは偏光レンズによって、特定の振動方向の光しか通さなくなるためである。そのため、水面を長く見ることになる釣り人の間では、偏光サングラスを愛用している人が多い。「釣りをしている人って結構サングラスをしているなぁ」と疑問に感じていた人もいるかもしれないが、これが種あかしである。単なるお飾りのファッションではなく、実用的な意味がちゃんとあるというわけだ。

もちろん映写機から投影される映像も元を正せば〝光〟なので、こうした偏光の法則を適用可能だ。ＩＭＡＸデジタル３Ｄでは、２台のＤＬＰプロジェクターを同時に使用して、左目用と右目用に異なる方向の偏光を加えた映像をスクリーンに投影している。

なお、偏光のタイプには何種類かあるが、ＩＭＡＸデジタル３Ｄでは直線方向の偏光を利用している。〝直線〟というのは、光の向きに対して波の動きが垂直であるため、光の進行方向から見ると振動が直線に見えるところから来ている。

こうして偏光処理を行なった映像は、「シルバースクリーン」と呼ばれる反射率の高い特殊なスクリーンへと映し出される。本スクリーンを専用メガネで見ると、左右の目に別々の映像が入り込んでくるという仕掛けだ。

なぜ、専用メガネ越しだと、左右の目に別々の映像が入ってくるのかと不思議に思うかもしれないが、その仕組みは次のようなものだ。

専用メガネのレンズにはＤＬＰプロジェクターと対になる偏光フィルターが用いられており、左目には左目用の映像のみを透過させる偏光フィルターが、右目には右目用の映像のみを透過させる偏光フィルターがはめられている。この偏光フィルターにより、左右それぞれの目に異なる映像を見せることを可能としているのだ。

なお、偏光方式のフィルターは、比較的安価に制作することが可能である。これは観客にはあまり関係ない話だが、劇場にとっては大きなメリットだ。ＩＭＡＸデジタル３Ｄの場合、専用メガネは返却制となっているが、万が一、盗難や紛失、破損などがあったとしても、メガネ自体が安いということもあり、大きな損害になることはない。

しかし、メガネが高価であるとすると、劇場側は様々な手段を用いて管理や保守を行なう必要が出てくる。しかも、なんらかの原因でメガネが回収できなかった場合、損害をこうむることになってしまう。このように専用メガネのコストが安く済むということは、3D映画の映写システムを考える上で、重要な要素のひとつなのだ。

『IMAXデジタル3D』は「明るく鮮明」

以上がIMAXデジタル3Dの仕組みだが、その特徴はいかなるものだろうか。2台のDLPプロジェクターを利用していることからも察しがつくかもしれないが、IMAXデジタル3Dの売りは、明るく鮮明な映像にある。通常の劇場の場合は、1台のプロジェクターで上映するところを2台で行なうのだから、単純計算で光源は2倍。明るくて当たり前というわけだ。

明るさは、3D映画の映写システムを語る上で非常に重要なポイントだ。というのも、3D映画を上映する場合、プロジェクターから投影された映像は、偏光フィルターや専用メガネを介していくことで、徐々に光量が減ってしまい、観客の目に届くときには暗く見えてしまうからだ。

しかし、ＩＭＡＸデジタル３Ｄでは2台の映写機を同時使用することで、この問題の解決を図っている。これはＩＭＡＸ社がフィルムで３Ｄ映画の上映を行なってきたときから使っている手でもある。そのため蓄積されたノウハウも多いだろうし、同社にとっては完成度の高い手法と言える。その証拠に映画ファンからの評判も良く、「明るさはＩＭＡＸがイチバン」や「３Ｄ映画を観るならＩＭＡＸ」と断言する方も多いようだ。

ＩＭＡＸデジタル３Ｄの強みは他にもある。それは劇場の設計だ。階段状になった客席の前に、縦は床から天井、横は左右の壁から壁まで広がる巨大なスクリーンが設置され、観客の視界すべてがスクリーンで埋まるように計算され尽くしている。さらに音響設備についても独立した5つの音声チャンネルを持つ専用スピーカーと独自のチューニングシステムにより、劇場のどの座席においてもクリアなサウンドが楽しめるように配慮されているのだ。

３Ｄ映像に、独自の技術とアイデアによるスクリーン設備と音響による臨場感が加わるのだから、ある意味、クオリティーが高くて当たり前。つまりＩＭＡＸデジタル３Ｄの強みとは、劇場の設計自体が３Ｄ映画を上映する前提で作られているという点にあるのだ。

３Ｄ映画の映写システムとしては非常に完成度の高いＩＭＡＸデジタル３Ｄだが、やはり、いくつかのデメリットもある。まず第一に挙げられるのが、設置コストが高くつくということだ。

ＩＭＡＸデジタル３Ｄを導入するには、映写機とスクリーン、音響設備、客席など、シアター設備全般を変更する必要がある。そのため劇場も気軽に導入するということはできず、日本でＩＭＡＸデジタル３Ｄを導入している劇場は１０９シネマズとユナイテッド・シネマの一部に留まっている。

利用者にはあまり関係のない話と感じるかもしれないが、劇場数が少ないということは、近場にない可能性も高くなるわけで、劇場所在地の遠方に住む方は気軽にＩＭＡＸデジタル３Ｄを観に行くことができないということになる。

また、直線偏光方式による映写システムにも若干の問題がある。直線偏光は左右の映像の分離が比較的良いというメリットがある反面、頭を少しでも動かすと偏光の方向がずれて映像がブレてしまうという弱点がある。観客はスクリーンに対して常にメガネが水平、つまり視線が垂直になるように姿勢を保たなければならないのだ。成人であれば2時間くらいは耐えられるだろうが、集中力が途切れやすい子供の場合は鑑賞中に姿勢を動かしてしまう可能性があるため、うまく立体視ができないケースがあるので注意が必要だ。

『RealD』ってどんな仕組み？

『RealD』は、米RealD社が開発した3D映画の映写システムだ。日本では、ワーナー・マイカル・シネマズ全館のほか、ユナイテッド・シネマの一部で採用されている。左右の目に異なる映像を見せることで立体視を実現している点は、RealDも他方式と同様だ。RealDでは、映像の分離に「円偏光」という方式を用いている。円偏光とは、進行方向に対して振動が円を描く光のことで、回転の向きによって左円偏光と右円偏光に分けられる。

RealDでは1台の映写機を使って、左目用と右目用のコマを交互に投影し、さらに投影のタイミングと合わせて、左目と右目のコマにそれぞれ左円偏光と右円偏光をかけている。こうして偏光をかけた映像を、反射率の高いシルバースクリーンへと投影させる。スクリーンには左目と右目のコマが交互に映し出され、左目に左円偏光フィルター、右目に右偏光フィルターがついた専用メガネを通すと、左目には左目用の映像のみが、右目には右目用の映像のみが見えるという仕掛けだ。

もちろん左右の目に順番にコマを見せていくことになるから、スローなスピードでは紙芝居みたいになってしまう。一般に動画は毎秒30コマ程度のスピードで表示しないと、スムーズな動きにはならないと言われている。そのためR

RealD の投影メカニズム

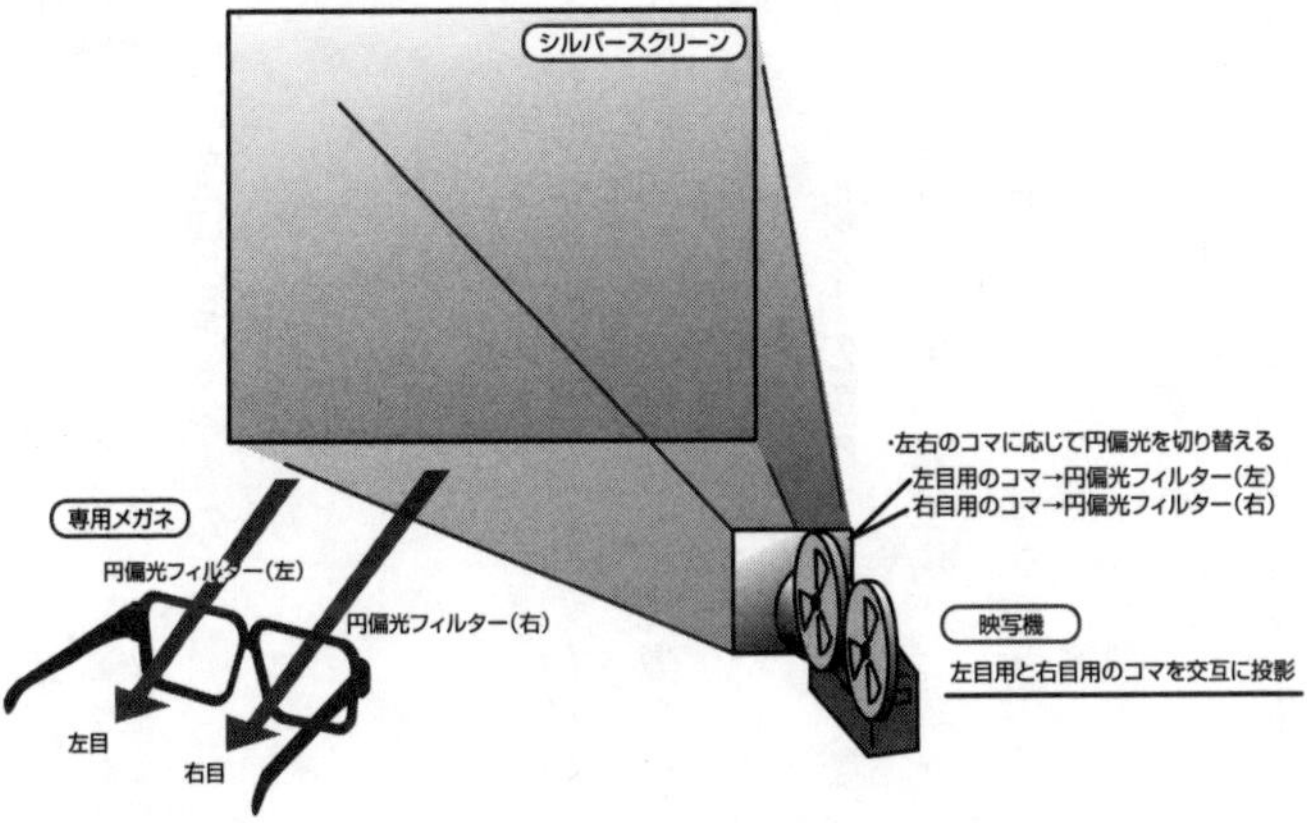

ｅａｌＤでは左右の目に毎秒72コマ、つまり合計で毎秒１４４コマで映像の投影を行なっている。毎秒72コマだと毎秒30コマよりずいぶん多いと感じるだろうが、ギリギリのコマ数だと残像などが残る可能性があるため、多めのコマ数で投影を行なっているのだ。

『ＲｅａｌＤ』は「頭を動かしてもＯＫ」

ＲｅａｌＤの最も大きな特徴は、頭を動かしたりして姿勢を多少崩してしまっても、映像に残像が生じることがないという点が挙げられる。光が回転しながら進行する特徴を持つ円偏光の場合、光と偏光フィルターの接触地点がずれたとしても、光の回転は保たれるため、偏光が維持されるというわけである。また、円偏光フィルターの専用メガネは、製作コストが安いという点もメリットのひとつだ。ＲｅａｌＤを採用している劇場では、メガネを持ち帰り可としている場合が多い。常に新品のメガネを使えるため、衛生や汚れを気にすることなく利用できるのだ。

一方、デメリットは、映写機とメガネの偏光フィルターを通過した映像を見ることになるため、画面が多少暗く感じるという点だ。ＩＭＡＸデジタル３Ｄの場合は、この問題を

2台の映写機を使うことでクリアしているが、ＲｅａｌＤの場合、映写機は1台だけである。実際にＲｅａｌＤを体験した利用者の間でも、やや暗く感じるという意見が少なからず見受けられる。

また、劇場にとっては、ＲｅａｌＤは導入コストの面で悩ましい。映写機のみならず、スクリーンも専用のシルバースクリーンへと交換しなくてはならず、劇場を改修する手間と費用がかかってしまうのだ。ＲｅａｌＤは世界で最も普及している3Ｄ映画の映写システムではあるが、こうした事情のため、日本ではトップシェアを獲得するに至ってはいない。

なお、円偏光方式を採用した3Ｄ映画の映写システムにはＲｅａｌＤ以外には韓国のＭａｓｔｅｒＩｍａｇｅ社が開発した『ＭａｓｔｅｒＩｍａｇｅ 3Ｄ』があり、日本ではＴＯＨＯシネマズと109シネマズの一部劇場で採用されている。ＲｅａｌＤとは映写機側の円偏光の方法に違いはあるが、基本的な仕組みについてはほぼ同様だ。

『ＸｐａｎＤ』ってどんな仕組み？

『ＸｐａｎＤ』は、スロベニアのＸ６Ｄ社によって開発された３Ｄ映画の上映システムだ。日本で最も普及している方式で、ＴＯＨＯシネマズ（一部劇場）や１０９シネマズ（一部劇場）、ユナイテッドシネマ（一部劇場）、ＭＯＶＩＸなど多数の劇場で採用されている。

ＩＭＡＸデジタル３ＤとＲｅａｌＤがどちらも〝偏光方式〟による映写システムであるのに対し、ＸｐａｎＤでは「アクティブシャッター方式」というまったく異なるアプローチで３Ｄ映画の上映を実現している。

ＸｐａｎＤで用いられる専用メガネは、電子式シャッターによって左右のレンズが交互に閉まるという機能を備える。〝閉まる〟といってもカメラのような物理的なシャッターではなく、液晶式レンズの透過率を変化させることでレンズを暗くさせたり透明にし、シャッターと同等の機能を持たせている。

もちろん、液晶の動作には電源が必要であるため、メガネには内蔵バッテリーを搭載している。そもそも「アクティブ」には「電源を使って動作する」という意味合いがあり、「アクティブシャッター」の「アクティブ」の名はこれに由来する。ちなみにアクティブの反対語は「パッシブ」で、意味としては「電源を用いず動作する」といったところだ。そうした意味合いでは、先述の偏光メガネはパッシブ式のメガネということになる。

この専用メガネを使って、左目用と右目用のコマが交互に投影されたスクリーンを覗き込むと、右目のシャッターが閉じているときは左目用のコマが、左目のシャッターが閉じているときは右目用のコマが見えるようになる。とはいえ、映像とシャッターがバラバラに動いてしまっては、左右

XpanD の投影メカニズム

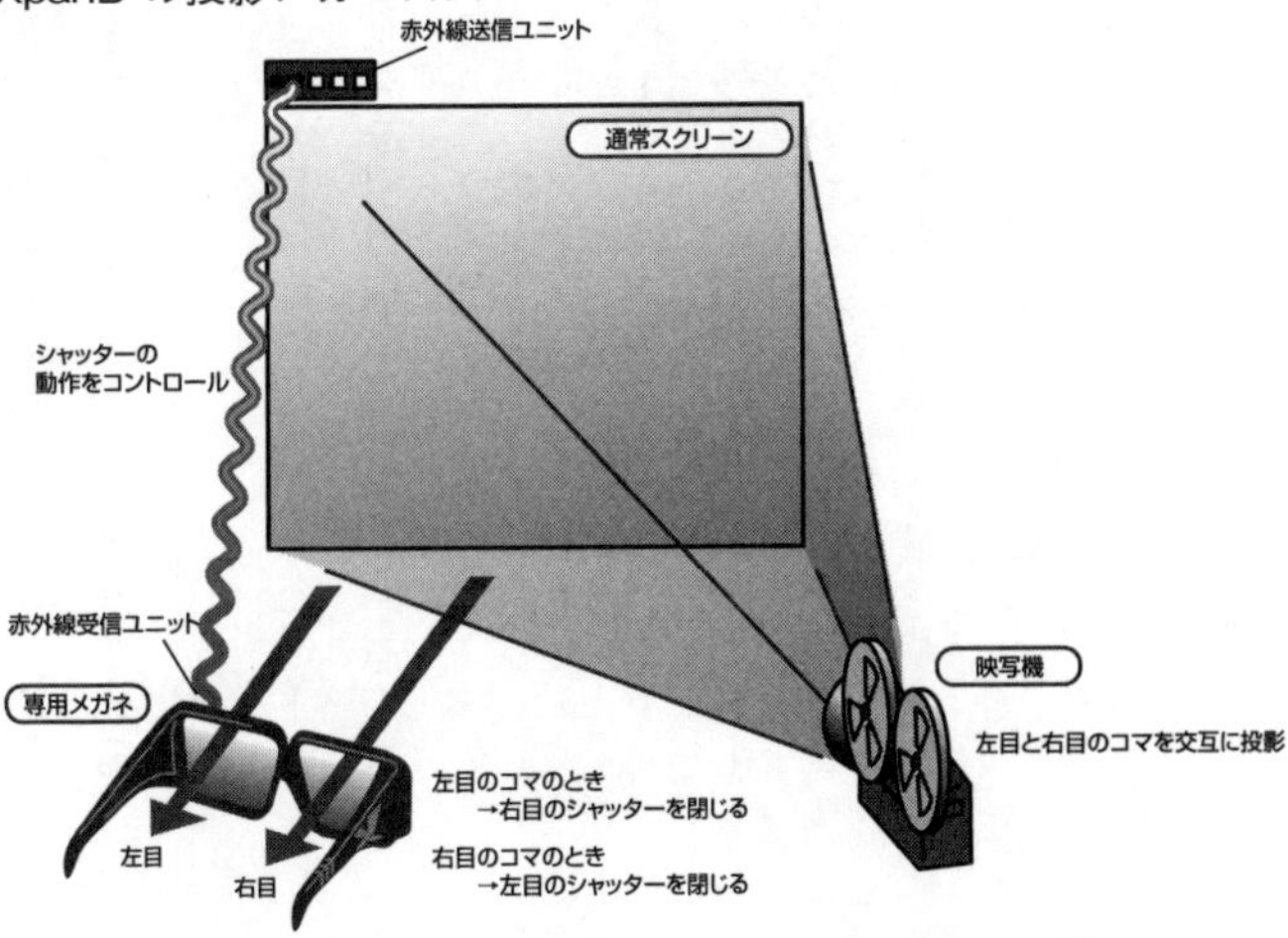

の目に異なるコマが入り込んでしまう。映像の立体感を損なわないためには、スクリーンに左目用のコマが投影されている際は右目のシャッターを、右目のコマが投影されている際は左目のシャッターを確実に閉じる必要性があるのだ。

そこで、両者の完全な同期を実現させるために、専用メガネには赤外線受信ユニットが備えられており、劇場に設置された送信ユニットからの信号を受け取ることで、左右のコマとシャッターの同期を行なっている。

ＸｐａｎＤでは、左目用と右目用のコマを合わせて毎秒１４４コマの映像をスクリーンに投影し、専用メガネも映像に合わせて左右のレンズを毎秒１４４回の速度でシャッターを切り替えている。つまり、実質的には毎秒72コマの映像ということだ。映画のコマ数としてはかなり多めだが、これは３Ｄ映像の場合、ギリギリのコマ数だと残像が残る場合があるため。この点は「ＲｅａｌＤ」と同様である。

『XpanD』は「劇場が導入しやすい」

XpanDの最大の長所は、従来のスクリーンをそのまま流用できるため、劇場側が導入がしやすいという点である。劇場が導入しやすければ、すなわち3D映画対応の劇場が増えるわけで、利用者はより身近に3D映画を楽しめるようになる。これは映画産業全体にとっても大きなメリットだ。近年、3D対応の劇場が飛躍的に増加したのも、XpanDの導入のしやすさによるところが大きい。

一方、デメリットについては、専用メガネにまつわる点が多い。まず、なんといっても、液晶式シャッターやバッテリー、赤外線受信ユニットなど様々な部品を搭載しているため、当然のようにメガネの重量は重くなり、掛け心地は決して良いとは言えない。

さらに、液晶やバッテリーなど多数の機械部品を使用しているため、メガネの価格は当然高い。したがって、劇場では紛失や破損が起きないように厳重に管理を行ない、さらには回収の都度、メガネの消毒やバッテリーの充電、動作チェックなどをする必要も出てくる。こうした作業に関わるスタッフの負担は決して小さくはなく、結果的に人件費増という悪い形で劇場側に跳ね返ってきてしまう。

また、映像の品質については、液晶シャッターというフィルター越しであることに加えて、映画鑑賞中は常に左右どちらかのシャッターが閉じているため、利用者からは「画面が暗く見える」という感想がよく聞かれる。

『ドルビー3D』ってどんな仕組み？

『ドルビー3D』は、米ドルビーラボラトリーズによって開発された3D映画の上映システムだ。日本では、ヒューマックスシネマとT・ジョイの劇場で主に採用されている。

立体視を実現するためには、左右の目に別々の映像を見せる必要があるということはこれまでも説明してきたとおりだが、ドルビー3Dは「分光方式」と呼ばれる仕組みを使って、これを実現させている。

光による色の表現には、赤（R）・緑（G）・青（B）からなる〝光の3原色〟が用いられるが、これらRGBの各色は特定の波長（※4）を持っている。この波長は固定値ではなく、ある程度の帯域幅（※4）があるため、ひとつの映像を波長の異なる2組のRGBへと切り分ける、すなわち分光することも可能だ。

こうして左目用と右目用に分光した2種類のRGB映像を映写機で交互に投影し、これを専用メガネを通して見ると、左右の目に別々の映像が入り込んでくる。専用メガネは50層にも及ぶ特殊フィルター構造によるもので、左右のレンズはそれぞれ特定の波長を持った光しか通さないようになっている。このため、左レンズには左目用の波長を持った映像が、右レンズには右目用の波長を持った映像のみが透過されるというわけだ。

※4　波長、帯域幅

光は波のような性質を持ち、この波の周期の長さを示すものが〝波長〟である。波長には様々なパターンがあるが、このうち人間の目で見える光を〝可視光線〟と言い、波長の短い光から順に紫・青紫・青・緑・黄・橙・赤の7色に分類される。一方、人間の目には見えない光には紫外線や赤外線があり、紫より波長が短い光が紫外線、赤より波長が長い光が赤外線となる。また、光の波長は固定値ではなく、ある程度の幅を持っており、これを一般に〝帯域幅〟と呼ぶ。光から特定の帯域幅の波長を抽出する場合にはプリズムなどの光学部品を用いることで行ない、これを〝分光〟と言う。理科の授業などで、光をプリズムに通して虹のような7色の光の帯を出すという実験があるが、これも分光を応用したものである。

プロジェクターで投影する映像は、左目用と右目用のコマを合わせて毎秒１４４コマ。実質的には毎秒72コマとなる。「ＲｅａｌＤ」「ＸｐａｎＤ」と同じく、コマ数が通常の映画より多くなるのは、ギリギリのコマ数だと残像が残る可能性があるためだ。映写に際しては、毎秒１４４コマの画像すべてに対して「フィルターホイール」と呼ばれる回転盤風の装置によって分光が行なわれ、左目用と右目用に波長の異なる２組のＲＧＢ映像を作り出している。

ドルビー 3D の投影メカニズム

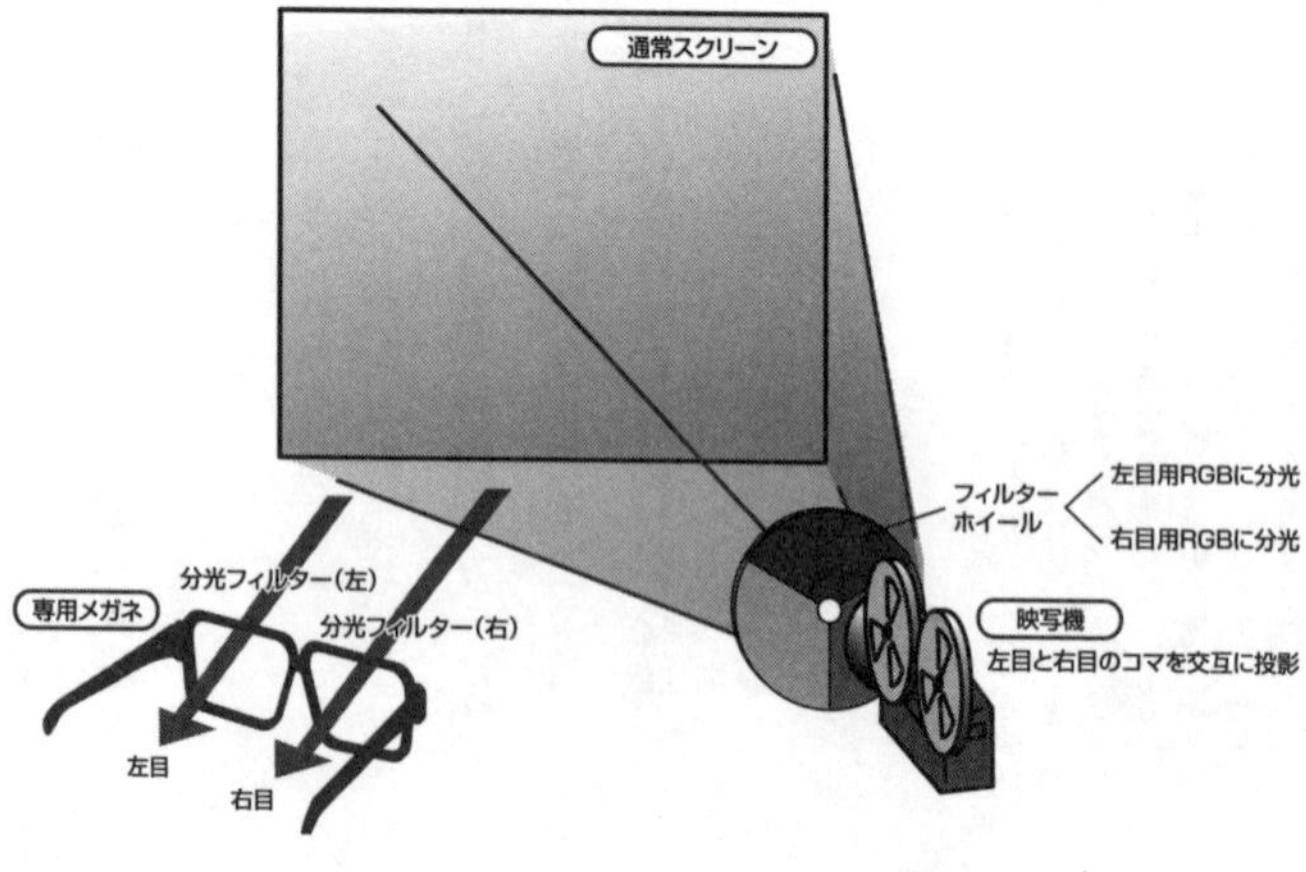

『ドルビー3D』は「明るく、色再現性が高い」

ドルビー3Dのメリットは、まず、頭を動かしたりして姿勢を崩しても残像が生じることがなく、他方式に比べて色再現性が高いという点が挙げられる。さらに、シルバースクリーンのような特殊スクリーンを用いないということも大きな特徴だ。また、映写機や専用メガネに偏光フィルターを利用しない方式のため、映像が暗くなるということもない。

一方、デメリットは専用メガネが高価であるということだ。見た目こそIMAXデジタル3DやRealDの偏光メガネと似ているが、ドルビー3Dの専用メガネで用いられているのは偏光フィルターではなく、多重構造の分光フィルターである。偏光フィルターと違って、こうした多重構造の分光フィルターを製造するのは非常に手間がかかるため、どうしても価格を安く抑えることはできないのだ。

無論、劇場としては、こうした高価な専用メガネを使い捨てにはできず、上映終了後に回収して再利用を行なっている。しかも盗難や紛失を防ぐため、専用メガネには盗難防止用のチップを内蔵するという念の入れようだ。こうした点からも劇場がいかにメガネの管理に神経を尖らせているか分かると思う。また、再利用するにあたっては、清掃や品質チェックなどメガネの保守も必要となるため、劇場スタッフの負担も大きくなる。さらに、ひとつの映像を2種類のＲＧＢに分光しているため、人によっては左右の色味に違和感を持つケースもあるようだ。通常は、こうした色味の違いは脳内でうまく処理されて、違和感のないひとつの映像として認識できるのだが、どうしても人によっては合わない場合も出てくるのだろう。

子供向けメガネ、メガネ使用者向けのメガネってあるの？

３Ｄ映画を観る際に「専用メガネ」が必要となる点については、先に説明したとおりである。５種類の映写方式があるということは、すなわち専用メガネも同じく5種類存在しているということだ。すべての３Ｄ映画で使える自分専用の「マイ３Ｄメガネ」を考えていた方には残念な話ではあるが、全方式で使用できる汎用メガネは今のところ存在していない。

専用メガネを利用する上で注意しておきたいのが、子供やメガネ（近眼や遠視、老眼など）使用者向けのタイプが用意されているか、という点だ。せっかく家族やグループで３Ｄ映画を観に行ったのに、連れの中に専用メガネを利用できない、もしくはうまくフィットしない人がいたら、かなり気まずい感じになってしまう。

まず、子供用メガネが存在している方式は、ＩＭＡＸデジタル３ＤとＲｅａｌＤである。大人用に比べてサイズが小さく、偏光フィルター方式のメガネで軽量ということもあり、子供がかけても重苦しくならないはずだ。

メガネ使用者向けは、ＩＭＡＸデジタル３ＤとＲｅａｌＤ方式のみ対応が図られている。ＩＭＡＸデジタル３Ｄの専用メガネは、元々、目とレンズの間にある程度のスペースが確保されるユニバーサルデザインになっており、よほど大振りなメガネでなければ、上からそのまま装着可能だ。

ＲｅａｌＤは、メガネの上から装着できるクリップオン方式のメガネを別途用意している。ただし、このクリップオンメガネは有料で、利用するには鑑賞料金とは別に３００円を支払って購入しなくてはならない。いったん買ってしまえば、次から使い回すことができるが、追加の出費が発生する点は少々辛いところだ。それでも、メガネ使用者向けのタイプがあることは有難いといえば有難い。

その他の方式については、特にメガネ使用者用のタイプは用意されていない。専用メガネによっては、メガネの上から強引にかけられないこともない、という声もあるようだが、うまくフィットしていない状態で2時間ほどの映画鑑賞を耐えぬくのは至難の業だ。それに、無理に3D映画を見続けることで目にかかる負担を考えると、ぞっとする。3D映画に限った話ではないが、本来の用途から外れる使い方は避けたいものだ。

なお、子供用ならびにメガネ使用者用タイプの有無については、2011年4月時点での情報である。また劇場によっては、こうしたメガネを用意していない場合もあるので、あらかじめご了承願いたい。

3Dはなんで暗く見えるの？

ところで、専用メガネを利用した際の反応に多いのが、「映像が暗く見える」というものだ。こうした画面の輝度については、3D映画の映写方式によっても異なってくるため、一概に結論づけることはできないが、どの方式も専用メガネのフィルター越しに映像を見る点は変わらないので、裸眼でスクリーンを見るときよりは多かれ少なかれ暗く感じることは確かだろう。

特に専用メガネに偏光フィルターを用いている映写方式は、その傾向が顕著となる。偏光フィルターはそもそも光量を絞る目的で作られたものなので、暗くなって当然と言えば当然なのだ。

また、XpanDで利用するアクティブシャッター方式の専用メガネは、左右どちらかのシャッターが必ず閉じている状態になるため、目に入る光の量は、裸眼の場合と比べると2分の1になってしまう。

とはいえ、どの上映方式も専用メガネの特性は織り込み済みであり、映写機の光量を上げたり、スクリーンを反射率の高いシルバースクリーンにするなどして、専用メガネ越しの映像が暗くならないように配慮している。映写方式によって画面の明るさに違いがあることは確かだが、どの方式においても映画を鑑賞する上で快適さが損なわれない程度の明るさは確保しているはずだ。

　こうした事情を鑑みるに、おそらく「画面が暗く見える」という方の多くが、裸眼でスクリーンを見た状態と、専用メガネ越しにスクリーンを見た状態を比較してしまっている可能性が高い。スクリーンの映像は、専用メガネ越しに見ることを前提に投影されているため、本来の映像より明るめに調整されている。確かに専用メガネをかけた状態では暗くなってしまうが、実はメガネをかけた状態での輝度こそ適正な明るさと言えるのだ。

なぜ3D映画は鑑賞料金が高いの？

　2Dか3Dかにかかわらず、日本は映画鑑賞料金が高いとよく言われる。日本では2D映画の鑑賞料金は大人1800円で、3D映画はこれに「3D映画鑑賞料金」という名目で300〜400円程度が加算される場合が多い。あるいは2D映画とはまったく別の料金枠にして、2000〜2200円を徴収している劇場もある。仕組みに違いはあれど、最終的に3D映画の鑑賞料金は、2000〜2200円となるケースがほとんどだ。

　3D映画に追加料金が発生することは、利用者にとっては有難くない話ではあるが、劇場側の立場からすると、やむをえない事情がある。前述したように、3D映画は上映に際して特殊な装置や設備を要し、2D映画用の設備のままでは対応できない。そのため劇場では3D映画上映のために、映写機やスクリーン、専用メガネなど、様々な装置や設備を新たに導入する必要が出てくる。

もちろん、こうした設備投資のコストはなんらかの形で回収しなくてはならない。そこで劇場では、観客から3D映画の追加料金を別途徴収することで、その補塡を図っているというわけだ。これは日本に限った話ではなく、アメリカでも同様の料金制度が取られている。

そのアメリカの料金体系はというと、2D映画は大人で12ドル程度、3D映画は日本と同様、追加料金が発生するが、それでも鑑賞料金は16ドルくらいで収まる。1ドル85円換算のレートで日本円に直すと、2D映画が1000円程度、3D映画は1400円程度といったところだ。

2011年4月は極端な円高という状況もあるので、もう少し現実的なレート、例えば1ドル100円換算で計算し直したとしても、2D映画が1200円程度、3D映画は

1600円くらいだ。つまり、どう考えてみてもアメリカでは、日本の2D映画の鑑賞料金以下で3D映画が観られることになる。確かにこれだけリーズナブルな料金で3D映画が楽しめるのなら、アメリカで大ブームになるのも頷けるというものだ。

こうした鑑賞料金の違いは、日米における映画市場の違いによるところが大きい。年間観客動員数はアメリカが約14億人であるのに対し、日本は約1・7億人。年間興行収入についてはアメリカが100億ドル（1ドル＝85円換算で8500億円）、日本は2000億円。さらにスクリーン数についてはアメリカが3万、日本が3000と大きな差がある。

数字を並べてみると一目瞭然なのだが、アメリカは日本に比べて映画市場の規模が文字通り桁違いに大きいのだ。市場規模が大きければ、市場経済の法則が働き、料金を安くして観客動員数を増やすことで、より売上を伸ばそうという動きが活発になる。結果、アメリカでは安い鑑賞料金でも十分ビジネスとして成立しているのに対して、市場規模の小さい日本は、割高な鑑賞料金を設定せざるをえないのだ。

少しでも安く3D映画を観る方法はないの？

３Ｄ映画に追加料金が発生する点は日米共通だが、日本では元々の映画鑑賞料金が高額なために、「３Ｄ映画は高い」というネガティブなイメージがより強くなる。もし日本の映画鑑賞料金がアメリカ並みだったとしたら、ここまで高いという意見は出なかったはずだろう。今後、日本の映画市場がより大きくなるか、劇場側で３Ｄ映画設備の費用が回収し終われば、鑑賞料金が安くなる可能性もあるが、それは当分は望めそうもない。高いと愚痴をこぼしたところで、現状はなにも変わることはない。

それならば、少しでも安く済ませる方法を考えたほうが建設的だ。例えば、映画前売り券を買ったり、映画の日やレディスデイ、レイトショーといった割引サービスを利用することで、３Ｄ映画を安く見られる場合がある。例えば、ＴＯＨＯシネマズの３Ｄ映画鑑賞料金は、「鑑賞料金＋３Ｄ鑑賞料金４００円」と定められている。大人料金は１８００円だから普通に見れば２２００円かかるところを、１３００円の前売り券を利用すれば１７００円で済む。

ただし3D映画の料金システムのややこしいところは、劇場によっては、こうした割引サービスとの併用を認めていない場合があるということだ。例えば、IMAXデジタル3Dでは3D映画は特別興行の扱いとなっており、割引サービスは一切適用されない。また、映画前売り券を利用した場合にも、鑑賞料金との差額を請求されることになる。IMAXデジタル3Dの鑑賞料金は大人2200円だから、1300円の前売り券を利用する際には差額の900円を支払う必要があるのだ。

とはいえ、劇場によっては安く見られる可能性があることは確かなので、割引サービスは積極的に利用するほうが良い。少々面倒かもしれないが不明な点がある場合には劇場に問い合わせたり、公式サイトで料金を確認するなどして、少しでも安く3D映画を見る工夫をしたいものだ。

なお、料金の情報については、2011年4月時点のものである。今後、変更される可能性もあるので、あらかじめご了承願いたい。

第3章——3D映像を観る
②ホームエンタテインメント編

３Ｄテレビってどんな仕組み？

３Ｄ映像を語る上で、映画と共に外すことができないのがテレビである。世界初となるパナソニックのフルＨＤプラズマ３Ｄテレビが発売されたのが、２０１０年4月のこと。これ以降、ソニーや東芝、シャープ、三菱電機など、大手家電メーカーもこぞって３Ｄテレビを市場に投入。発売当初は物珍しさで話題を呼んだが、今では多くの家電量販店でごく普通に展示されるようになり、新機軸のテレビとして認知されるようになった。

しかし、３Ｄテレビの存在自体は広く知られるようになったものの、その仕組みについての知識を持っている人はまだまれである。確かに仕組みを知らなくても３Ｄテレビは楽しめるが、ある程度の知識があったほうが、製品を買う際の参考にもなるし、また買った後で自分の想像とは違っていたなどという事態も避けられるはずだ。

３Ｄテレビでは、映像に立体感や奥行きを持たせることで、２Ｄ映像では味わえない臨場感のあるビジュアルを作り出している。３Ｄ映像を作り出す基本原理は３Ｄ映画と同じく、左右の目に異なる映像を見せるというものだ。この「左右に異なる映像を見せる」方法には様々な手段があるが、現在、３Ｄテレビで主流となっているのが、専用メガネを用いる「アクティブシャッター方式」である。前述した3D映画の映写システム「XpanD」にも同名の方式があるので、想像がつくかもしれないが、3Dテレビでも基本的な仕組みはほとんど同じだ。少々大雑把な言い方になるが、単に映像を映し出す先がスクリーンからディスプレイに変わっただけと考えればよい。

3Dテレビにおけるアクティブシャッター方式では、まず、左目用と右目用の映像を交互に画面へと描画する。具体的には「左目の映像、右目の映像、左目の映像……」と時系列順に次々と画像を切り替えていく感じだ。もちろん、画像の切り替えがゆっくりとした速度では人間の目には滑らかな動画には見え

3D テレビのメカニズム

ないので、高速の画面書き換えが必要だ。

現在の一般的なテレビでは、毎秒60枚の速度で画面の書き換えを行なっている。3D映像の場合は左目用と右目用とふたつの映像が必要になるので、合わせて毎秒120枚の速度で画面の描画を行なわなければならない。

ただし、このまま左目用と右目用の映像をテレビ画面に表示させただけでは、当たり前だが人間の目にはブレて見えてしまう。なんらかの方法で、左目用と右目用の映像を分離させて、左右の目それぞれに見せる必要があるのだ。そこで登場するのが専用メガネである。

アクティブシャッター方式の専用メガネには、超高速で動作するシャッターが左右のレンズに取り付けられている。シャッターといってもカメラのような物理的な仕掛けではなく、液晶パネルの透過性を利用したもので、レンズそのものが透明になったり暗くなったりするのだ。

シャッターの駆動は3Dテレビの描画と完全に同期して行なわれ、左目用の映像が映っているときは右目のシャッターが閉じ、右目の映像のときは左目のシャッターが閉じるように動作する。つまり、毎秒120枚の速度で交互に左目用と右目用の描画を行なうテレビに合わせて、メガネのシャッター動作も左右合計で毎秒120回行なわれるのだ。
これほど高速にシャッターの開閉が行なわれては、目がチカチカしてしまうのではないかと心配に思われる方もいるかもしれないが、毎秒120回という高速なシャッター駆動は人間の目で認識することは不可能だ。感覚的には、普通のサングラス越しに画面を見るのとなんら変わりはない。

「左目用と右目用の映像が交互に表示されたテレビの画面を、シャッター付きの専用メガネで切り分ける」。アクティブシャッター方式では、この方法で左右の目に異なる映像を見せることで、立体感のある3D映像を作り出しているのだ。

どのテレビでも使える3Dメガネってないの？

今のところ、メーカー側で3Dテレビで使えると保証しているのは、基本的にセットの専用メガネだけである。メガネがひとつだけしかないと、家族で使ったりする際に不便なので、メーカーからオプションで別売されていることもあるが、いずれにせよ専用メガネは使用している3Dテレビに対応した同メーカー製のものでなければならない。

それでは異なるメーカーの専用メガネで3Dテレビの映像を見た場合、一体どのような状態になるのか。そうした疑問が生じるかもしれないが、これについてはメーカーごとの組み合わせによってまちまちであるので、はっきりとした回答はできない。一応メガネのシャッターは動作するものの、正常な3D効果が得られなかったりすることがあるようだ。無論、こうした利用方法はメーカーの保証外の行為であり、トラブルが発生してもなんらサポートを得られないことになるので注意が必要である。

しかしながら、ここにきて汎用的な専用メガネを発売しようという動きも出てきている。例えば、2011年1月にPC関連の周辺機器メーカーであるサンワサプライから、主要なメーカー製の3Dテレビに複数対応した汎用メガネ『400-3DGS001』が発売された。本製品についてはサンワサプライが動作検証を行なったものであり、3Dテレビのメーカーが動作保証を行なっているわけではないが、こうした製品があるということは、「汎用メガネ」のニーズが確実にあるということを指し示していると言えるだろう。

さらに、2011年3月30日、パナソニックとX6D社は3Dメガネ共通規格「M－3DI」を策定。同年4月から同規格に基づくライセンス供与を開始した。X6D社は3D映画のXPanD方式の開発元であるため、M－3DIが普及すれば、ひとつのメガネで3D映画（XpanD方式に限る）や3Dテレビを見られるようになる。

ただし、規格発表の時点でサポートを表明したメーカーは、パナソニックと日立、三菱など合計10社で、東芝とソニー、シャープは参加していない。共通規格と言うからには、全メーカーの3Dテレビで使えなくては利便性が落ちてしまう。M－3DIの普及にはまだ時間がかかりそうだが、共通規格が策定され、汎用3Dメガネへの道が開けたことは評価していいだろう。

3Dテレビはプラズマと液晶どちらがいいの？

3Dテレビにはパネルの違いにより、2種類のタイプが存在している。つまり、プラズマと液晶だ。どちらも性能がまったく同じということであれば、価格やデザインなどを比較して気に入ったほうを買えばいいのだが、実際にはそうもいかないところが難しいところである。

現実として、3D映像のビジュアルデバイスとして、プラズマにはプラズマのメリットとデメリットがあり、液晶もまた然りである。製品の購入に際しては両者の違いをよく理解し、自分のライフスタイルに合ったものを選ぶようにしないと買ってから後悔することになりかねない。

そこで、プラズマと液晶のそれぞれの特徴について、3D表示に関連するものを中心に挙げてみる。

〈プラズマ〉

・画面の書き換え（※5）を一気に行なう「面順次方式」で動作
・応答速度（※6）が速いため、動きの激しいシーンも得意
・コントラスト（※7）性能が高く、黒の表現力が豊か
・技術的に大画面化がしやすい。小型化は苦手

〈液晶〉

・画面の書き換えは、上から順番に走査線ごとに行なう「線順次方式」
・プラズマより応答速度が遅い。動きの激しいシーンだとブレることも
・プラズマよりコントラスト性能が低い。緻密な諧調表現が苦手
・小型化が得意だが、大画面化は難しいとされる

※5　**画面の書き換え**
テレビの動画は、複数の画像を時系列順に表示していくことで動きを表現している。分かりやすく言うと、カメラで連写した写真を順番に表示していくような感じだ。ただし、こうした画像切り替えの方法にはパネルのタイプによって違いがある。プラズマは「面順次方式」と言って、1枚の画像を瞬時に表示できる。画面の書き換えは、前の画像を次の画像で一気に上書きすることで行なわれる。一方、液晶では「線順次方式」と言って、1枚の画像を表示する際は液晶パネルの上から下へと順次書き換えていく。画面を書き換える場合は、前の画像を次の画像で上から下へ徐々に上書きしていくため、描画中に前の画像と次の画像が入り交じった状態が発生してしまう。

※6　**応答速度**
画面が「黒・白・黒」と変化するのにかかる時間で、単位には1000分の1秒を意味する〝ms（ミリセカンド）〟を用いる。msの数字が小さいほど画面の書き換え速度が速いことを意味し、スムーズな動画表示が可能となる。

※7　**コントラスト**
最も暗い部分と、最も明るい部分の輝度の差。コントラストが高ければ、明暗の階調表現が豊かになる。

まず、3D映像は画面が大きければ大きいほど、その効果が実感しやすい。別にこれは難しい話ではなく、小さい画面と大きい画面とでは、どちらが迫力があるかということだ。3Dに限らず2D映像についても画面が大きいほど迫力が増すが、3Dの場合は、その傾向がなおさら顕著になる。つまり大画面であれば大画面であるほど良い。

また、パネルの描写力という点についても高ければ高いほど良い。3D映像は左目と右目に別個の映像を送り、左右の映像を脳内で合成することによって、立体感を得ている。しかし、この元になる左右の映像が粗いと、脳内で3D映像がうまく生成されないのだ。

例えば、暗いシーンで本来は微妙な陰影があるところを、コントラスト性能が低い（階調表現が乏しい）ディスプレイで表示すると、単なる黒一色で再現されてしまうことがある。2D表示なら見過ごしてしまうかもしれないが、3Dの場合は左目用と右目用の映像の違いを元に立体感を出すため、映像のコントラストが正確に再現されず単なる黒いシーンになってしまうと、左右の差異を感じ取ることができない。つまり、うまく立体感を得られないのだ。

考えてもみてほしい。３Ｄ表示の元になる左目と右目の映像が元から低画質で立体的に見えなければ、それを使って立体視を行なおうとしても無理がある。一方、元の映像が階調表現に富んでいれば、２Ｄの状態でも陰影や距離感などから立体感を見て取れる。そうした映像を使って３Ｄ表示を行なえば、立体感も飛躍的にアップするというわけだ。

「クロストーク」って何？

さて、ここまでの話は３Ｄならではというよりは、２Ｄにも共通した話である。映像の臨場感は、大きいディスプレイを使って良い画質で見たほうが増すということだ。３Ｄといえども、こうした映像の基本的なルールは適用されるというわけである。しかし、ここからは３Ｄ表示ならではの話。それはプラズマと液晶の描画方式についてだ。

３Ｄテレビでは、左目用と右目用の映像を毎秒１２０枚の速度で交互に描画し、専用メガネを使って覗き込むことで、左右の目に異なる映像を送り、ふたつの映像を脳内で合成させることで立体感覚を生み出している。もし、こうした左右の映像が入り交じってしまうと、残像が生じてしまう。この現象のことを、「クロストーク」と呼ぶ。

プラズマテレビでは、画面の書き換えは「面順次方式」という仕組みで行なわれ、パネル全体が一気に書き換わる。左目用と右目用の3D映像を表示する場合、「左、右、左、右……」ときっちりと書き換わるため、原理的には左右の映像が入り交じることはない。

一方、液晶テレビでは、画面の書き換えは「線順次方式」という仕組みで行なわれ、走査線ごとに上から順番に書き換えていく。左目用の画像を右目用の画像へと書き換える際には、左目用の画像を右目用の画像で徐々に上書きしていくことになるので、書き換え中にはどうしても左右の画像が入り交じった「クロストーク」が発生してしまう。

もちろん、これでは製品としては通用しないため、液晶タイプの3Dテレビでは、様々な対策を施して、左右の画像が入り交じらないようにしている。そのひとつが、液晶の描画スピードを上げて、画面の書き換えを毎秒240枚まで引き上げる方法である。

まず240分の1秒で画面の書き換えを行ない、次の240分の1秒で画面を保持したままにする。書き換えの最中は専用メガネのシャッター両方を閉めて見せないようにし、書き換えが終わったらシャッターを開いて画像を見せる。つまり、240分の1秒で画面の書き換えを行ない、次の240分の1秒で画像を表示するわけだから、合計120分の1秒で1コマ分の映像の表示が行なわれることになる。

こうした動作を左右の目ごとに行なうので、1秒間に実際に見ている画像の枚数は左右合わせて120枚。つまり、実質的に毎秒120枚の速度で映像を見ていることになる。ただし、この方法だと、両目のシャッターを閉じている時間が1秒につき2分の1秒ほど

液晶テレビの画面書き換え時の対策

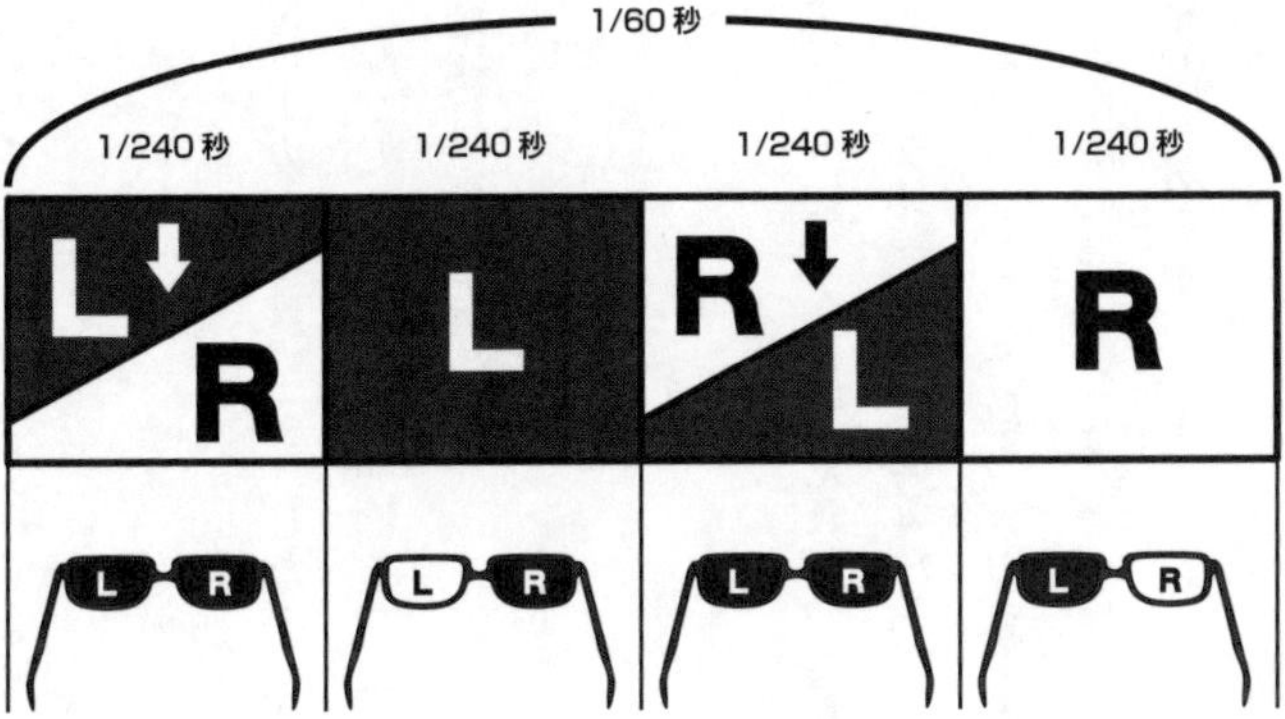

- 左右の映像が入り混じっているときは、専用メガネのシャッターをすべて閉じる
- 書き換えが終わったら、専用メガネのシャッターを開ける

発生してしまうことになるため、目に入る光が少なくなってしまい、どうしても映像が暗く感じてしまうのだ。

もちろん、液晶タイプの3Dテレビを発売しているメーカーでは、こうしたデメリットは十分承知しており、あらゆる対策を行なっている。しかしながら、線順次方式については液晶固有の特性とも言えるところであり、根本的な解決は難しい。

臨場感でプラズマ、実用性で液晶

こうした事情を考慮して、3D表示に向き・不向きという観点から考えれば、現状では自ずとプラズマに利ありという結論に達する。ただし、プラズマ陣営が実質パナソニック1社だけであるのに対し、液晶陣営はソニーや東芝、シャープなど多数のメーカーを擁している。今後、開発競争が激化すれば、多くのメーカーが関わっていることが良い方向に働いて、液晶3Dテレビの性能が飛躍的に向上する可能性もある。

また、プラズマは小型化がしにくいため、小型の3Dテレビというと、選択肢は液晶モデルに限られてくる。さらに、最近は低反射タイプのモデルも増えてきたが、液晶に比べてプラズマのパネルは反射率が高く、陽の光や照明が強い場所に設置してしまうと十分な画質を得られない場合がある。ホームシアターとまではいかないまでも、広めのスペースでカーテンや照明などで明かりを調整できるような、それなりの視聴空間を用意できないと、せっかくの高画質を味わえない可能性があるのだ。その他、プラズマは画面の焼き付きという問題もあるため、長時間に及ぶゲームのプレイには向いてはいない。

3D映画を臨場感あふれる高画質で楽しむというならプラズマが圧倒的に有利である。しかし、設置スペースの都合上、大画面のテレビを置く場所がなかったり、どちらかというと普通にテレビを見たりゲームで遊ぶ用途のほうがメインなら、液晶タイプを選ぶという考え方もありだ。

3Dテレビを賢く買うコツは、まず自分の用途をしっかりと把握し、プラズマと液晶どちらがふさわしいかを考えるのがベストと言えるだろう。

メガネなしの3Dテレビってないの？

2011年4月現在、3Dテレビの主流は、専用メガネを用いるアクティブシャッター方式である。アクティブシャッター方式は完成度の高いシステムだが、一方で、専用メガネなしで3D映像を見たいという要望も絶えず存在している。実は、こうした専用メガネいらずの、いわゆる裸眼タイプの3Dテレビもすでにいくつか存在しているのだ。

その代表例と言えるのが、2010年12月に東芝から発売された『グラスレス3DレグザGL1シリーズ』だ。ラインナップは2種類で、20V型の『20GL1』と12V型の『12GL1』を用意。どちらも専用メガネなしで裸眼のまま3D映像を視聴することが可能で、既存の2D映像を3D映像へと変換することで立体的な映像を作り出している。

本機における3D表示の仕組みは、基本的に〝レンチキュラーシート方式〟と呼ばれるメカニズムを用いている。レンチキュラーシートとは、表面上にカマボコ状の凸レンズが取り付けられたもので、このシートを通して印刷物や画像などを見ると、視点の角度によって絵柄が変わるという光学的特性を持つ。子供向けのおもちゃで、見る角度によって絵柄が変わるシールというものがあるが、これもレンチキュラーシートを応用したものである。

レンチキュラーシート方式も、左右の目に別々の画像を見せることで立体的な映像を作り出す点については、他の３Ｄ表示方式とまったく同様である。裸眼でどのようにして左右の目に別々の映像を見せられるのかと訝しく思うかもしれないが、そこで活躍するのが、このレンチキュラーシートである。

まず、左目用と右目用の画像を用意し、それぞれを縦に短冊状に細かく切り分けて順番に配

レンチキュラーシート方式のメカニズム

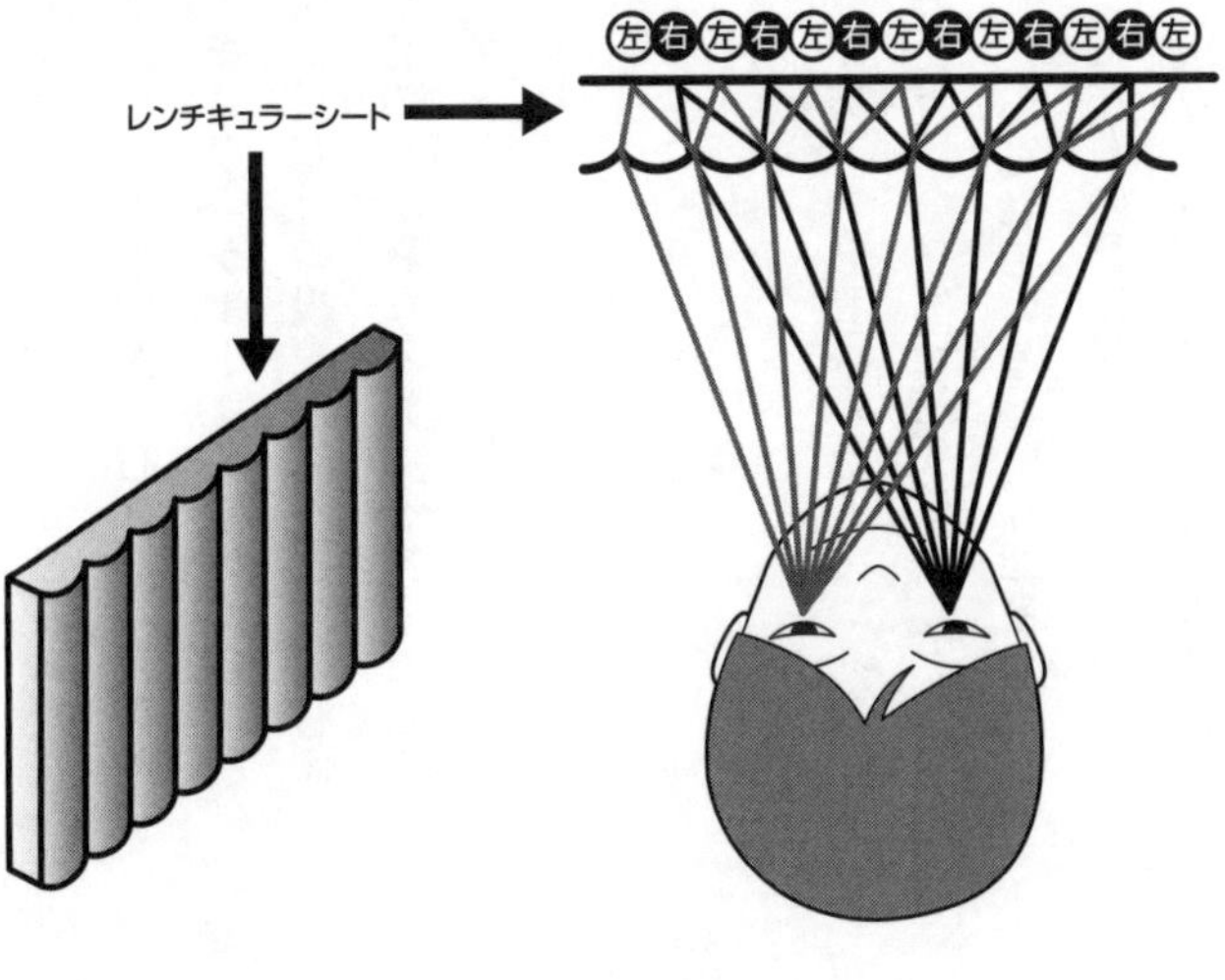

置していく。具体的には「左、右、左、右……」といった感じだ。この短冊状に切り分けた左右の画像にぴったり合うように、同じく短冊状の縦長な凸レンズがずらりと並んだレンチキュラーシートを貼り合わせる。すると、左目には左目用の画像が、右目には右目用の画像のみが飛び込んでくるようになる。これはレンチキュラーシートにあるカマボコ状の凸レンズによる効果で、左目の視線が凸レンズの左側に、右目の視線が凸レンズの右側に合うことにより、凸レンズの光学的特性が作用し、左右の目が異なる画像を見ることができるのだ。

裸眼3Dテレビの弱点は？

すでに裸眼方式の3D表示システムがあるなら、メガネ方式の3D表示なんていらないのではと思われる方も多いだろう。しかし、裸眼式の3Dには大きな弱点がある。それは、鑑賞に際して、「映像が3Dに見える視点の位置」が非常に限られているということだ。レンチキュラーシート方式では、表面の凸状レンズを使って左右の目に映り込む画像を切り分けているため、3D表示ができる視点の範囲が非常に狭くなる。3Dで見えるのはディスプレイ手前の狭い範囲だけで、視点を大きく上下左右に移動させてしまうと、凸レンズの効果が効かなくなってしまい、映像の立体感はたちまち失われてしまう。つまり、レンチキュラーシート方式では、視点の位置は必ず特定の場所に維持しておく必要があるのだ。

また、レンチキュラーシート方式では、左目用と右目用の画像を縦1列ごとに画素単位で配置していくため、画面の横×縦が１９２０×１０８０ピクセル（※８）のフルＨＤパネルで実現しようとすると、横の解像度が２分の１になってしまい、９６０×１０８０ピクセルになってしまう。これでも人の目には自然な画像として認識されるのだが、元のフルＨＤと比較すると、どうしても画質のクオリティーは落ちてしまう。携帯電話や携帯ゲーム機のようにディスプレイのサイズが小さければ、こうした粗も意外に目立たないのだが、現在の薄型テレビは大画面が主流である。ますます画像の劣化が際立ってしまうのだ。

※8　ピクセル
画面を構成する最小単位の色付きの点。「画素」とも言う。テレビでは、こうしたピクセルの集まりによってひとつの画面を構成している。例えばフルＨＤは画面の横×縦が１９２０×１０８０ピクセルなので、２０７万３６００個もの色付きの点で画像を表示していることになる。ピクセル数は多ければ多いほど緻密な画像表示ができ、反対にピクセル数が少ない場合は画像は粗くなる。

つまり、一般的には裸眼式の3D表示システムは、テレビのような画面サイズの大きいハードにはふさわしくないということになる。その証拠に、現在の3Dテレビは、どのメーカーにおいても専用メガネを使うアクティブシャッター方式のタイプがほとんどだ。

裸眼3Dテレビの弱点を補う方法って?

レンチキュラーシート方式の弱点を知ってしまうと、先述の東芝製の裸眼式3Dテレビは大丈夫かと心配になるかもしれない。しかし、そこはさすが東芝と言うべきか、様々な対策を採っている。東芝のグラスレス3DレグザGL1シリーズでは、レンチキュラーシート方式の「視点の位置が1点に限られる」という弱点を9視点まで増やすことで解決を図っている。一般的なレンチキュラーシート方式の場合、ディスプレイ正面の位置でしか3D表示ができないのだが、本機ではディスプレイを取り囲むように9視点分の映像を作り出している。視点を左右に動かしていっても、それに応じて映像の角度も切り替わっていくので、あたかも現実に視点を回り込ませていっているかのような感覚を味わえるのだ。

ただし、こうした9視点分の映像表示には、1視点の場合と比較すると、9倍の映像ソースが必要になってしまう。そのため、20Ｖ型の『20ＧＬ1』ではフルＨＤパネルの4倍という解像度を持つ液晶パネルを採用することで、1視点につき1280×720ピクセルでの映像表示を実現させている。

3Ｄ表示が可能な視点を増やすことで裸眼式の弱点をカバーしているＧＬ1シリーズだが、それでも、すべての方向から3Ｄ映像を楽しめるわけではなく、位置によってはうまく3Ｄ表示ができないポイントも存在する。また、1視点の画面解像度も、フルＨＤの1920×1080ピクセルと比べると粗い。アクティブシャッター方式の場合は専用メガネというデメリットはあるものの、比較的視野角も広く、映像もフルＨＤのまま表示可能だ。

3Ｄ映像を楽しむには、どんな方法があるの？

3Ｄテレビで楽しめる3Ｄの映像コンテンツというと、選択肢は自ずと3Ｄテレビ放送か「Ｂｌｕ－ｒａｙ 3Ｄ」という方式で収録されたビデオディスク（ソフト）の2種類に絞られる。
　3Dテレビ放送を見るだけというなら、3Dテレビのみ購入すれば大丈夫だ。どのメーカーの3Dテレビでも問題ないのかと不安に感じるかもしれないが、その点も心配する必要はない。3Dテレビは、国際標準規格である「Blu-ray 3D」に基づいて製作されているため、本規格に則った機器であれば、メーカーが異なっても問題なく使用できるようになっている。

　Blu-ray 3Dとは、Blu-ray Discの規格策定や普及を目的とした企業団体であるBDA（ブルーレイディスクアソシエーション）によって定められたブルーレイディスクの3D規格であり、国内外問わず多くのメーカーがこの規格に準拠した機器を製作している。
　そうした意味では、「3Dテレビ＝「Blu-ray 3D」対応のテレビ」ということになる。滅多にあるケースではないが、万が一、購入に際して3Dテレビかどうか判断に迷うことがあったら、店員に「この製品はBlu-ray 3Dに対応していますか？」と尋ねてみればよい。

ただし、３Ｄテレビで３Ｄテレビ放送を楽しむという点については、意外な盲点がある。それは２０１１年４月現在において、３Ｄテレビ放送を行なっている放送局が非常に少ないということだ。

意外に感じるかもしれないが、今のところ、地上デジタル放送で３Ｄ番組を流しているチャンネルは皆無だ。３Ｄ放送を定期的に行なっているのは、ＢＳデジタル放送ではＢＳ11とＢＳ朝日、ＢＳフジ、ＢＳ-ＴＢＳ、ＢＳ日テレ。さらに有料放送ではスカパー！ＨＤとスカパー！ｅ２、さらに一部のケーブルテレビ局がある。多くは限られた時間枠で３Ｄ放送を行なっている程度で、３Ｄ専門チャンネルを用意しているのはスカパー！ＨＤくらいだ。

つまり、テレビのアンテナ環境が地上デジタル放送しかない場合、３Ｄテレビ放送は見られないということになる。ＢＳ・１１０度ＣＳデジタルハイビジョンアンテナもしくはスカパー！用アンテナによ

Blu-ray 3D の規格に準拠した製品には、このロゴマークが添付される。

る視聴環境があって初めて、ようやく3Dテレビ放送を楽しめるのだ。しかも、スカパー！は有料放送のため、一部の無料番組を除き、3D放送を見る場合には視聴料が発生する。

こうした事情もあって、テレビ放送だけで3Dを満喫できるかというと、かなり疑問が残ると言わざるをえない。当然、メーカー側も3Dコンテンツの不足には気づいており、3Dテレビに「2D－3D変換機能」を搭載して通常のテレビ放送を3D映像化できるようにしたり、インターネットを介して無料の3D映像を視聴できるようにするなど、様々な配慮を行なっている。

しかしながら、それだけで3Dコンテンツの真髄を味わうのは難しい。3Dテレビで3Dコンテンツを満喫したいなら、やはりBlu－ray 3Dの視聴環境を揃える必要があると言える。

「Ｂｌｕ－ｒａｙ　３Ｄ」のソフトを楽しむには何が必要？

Ｂｌｕ－ｒａｙ　３Ｄは、フルＨＤ画質である１９２０×１０８０ピクセルの３Ｄ映像を収録したビデオディスク（ソフト）である。もちろん、従来のＢｌｕ－ｒａｙプレーヤーやレコーダーでは３Ｄ映像の再生は行なえないが、同時に収録されている２Ｄ映像の再生は可能だ。これはＢｌｕ－ｒａｙ　３ＤがＢｌｕ－ｒａｙの拡張規格であり、下位互換性が保たれているためだ。

視聴に際しては３Ｄテレビに加えて、Ｂｌｕ－ｒａｙ　３Ｄの再生が行なえる機器が必須となる。具体的にはＢｌｕ－ｒａｙ　３Ｄ対応のブルーレイディスクプレーヤーかブルーレイディスクレコーダーのどちらか、もしくは一気に視聴環境を揃えたいならブルーレイディスクプレーヤー内蔵の３Ｄテレビを買うという選択肢もあるだろう。

プレーヤーやレコーダーについても、３Ｄテレビと同様、「Ｂｌｕ－ｒａｙ　３Ｄ」規格に準拠したものであれば、どんなメーカー製でも構わない。異なるメーカーの組み合わせでも問題なく使用できる。ただし最近の製品は、テレビリモコンを使ったレコーダー操作や、テレビで行なうレコーダーの録画予約など、同じメーカー同士でないと動作しない連係機能が多々あったりするので、可能であれば同じメーカーの製品で統一しておきたい。

２０１１年4月現在、国内向けのＢｌｕ-ｒａｙ ３Ｄソフトは、約25タイトルが発売されており、２０１１年夏にかけてさらに約14タイトルのＢｌｕ-ｒａｙ ３Ｄソフトが発売される予定になっている。若干タイトル数が少ないように感じるかもしれないが、今後、公開が終わった３Ｄ映画が順次Ｂｌｕ-ｒａｙ ３Ｄ化されていくことを考えると、タイトル数は右肩上がりに増加していくはずだ。２０１１年末には、おそらく総タイトル数は50を超えるだろう。

なお、３Ｄの映像ソフトにはＢｌｕ-ｒａｙ ３Ｄ以外にも、アナグリフ方式が存在している。同じ３Ｄ映像ということもあり、同一視する人も少なからずいるようだが、この両者は３Ｄ規格としてはまったく異なるものである。赤青メガネを用いるアナグリフ方式については第1章で詳しく述べたが、３Ｄ映像のクオリティーは間違いなくＢｌｕ-ｒａｙ ３Ｄ方式のほうが圧倒的に高い。

しかしながら、販売店によっては、このふたつの方式が「3Dソフト」として一括りにされ、同じコーナーに置かれているケースがよく見受けられる。Blu−ray 3Dの映像ソフトを買うつもりだったのに、アナグリフ方式のソフトを誤って購入してしまった、などということのないようにしたい。

3Dテレビ放送は「フルHD」じゃないの？

通常、3D映像は左目用と右目用のふたつの映像データから構成されている。言うまでもなく、左目用と右目用の映像は解像度が高ければ高いほど、3D映像はより高品質になる。例えば、劇場品質の3D映像がウリのBlu−ray 3Dのソフトには、フルHD画質である1920×1080ピクセルの映像が収録されている。ただし、すでに述べたように3D映像は左目用と右目用の映像が必要になるため、データサイズが非常に大きくなってしまうのが難点だ。単純計算では2D映像の2倍近くのデータサイズになってしまうところだが、Blu−ray 3Dでは圧縮方式に工夫を施すことでどうにか1・5倍程度に留めている。

それでも、3Dでは映像のデータサイズが大きくなることは間違いない。ブルーレイ・ディスクでは50GBという大容量を活かして3D映像の収録を実現しているが、これをテレビ放送で同じことを行なおうとすると様々な困難が生じる。

まず、地上デジタル放送、BSデジタル放送共に、現状の放送波のままでは3D映像を流すには帯域（※9）が足りないという点が挙げられる。地デジもBSデジタルもフルHD画質の2D映像を放送するという前提で規格が作られているため、データ量がフルHDのおよそ2倍にもなるような3D映像を扱うには力不足なのだ。

放送局によって多少異なってくるが、現在の地上デジタルテレビ放送の基準は、解像度が1440×1080ピクセル（一部は1920×1080ピクセル）、フレーム数（1秒間のコマ数）が約30枚だ。それならば、フレーム数を分割して左目用に15枚、右目用に15枚にして、これを交互に映し出せば3D映像を流せるのではないかと考えるかもしれない。

※9　帯域
テレビ放送や携帯電話などで使用する電波の周波数幅を示す。周波数の幅が広ければ広いほど電波により多くのデータを乗せることができる。

しかし、動画は最低でも毎秒30枚程度が必要となる。これ以下の枚数にしてしまうと、人間の目には滑らかな動画には見えないのだ。

また、どうにかして快適なフレーム数が確保できたとしても、左右の映像が交互に表示される映像を放送してしまうと、一般のテレビではブレた映像にしか映らないという問題が出てきてしまう。テレビは公共性の高いメディアであり、テレビの種類によって、まったく見られない映像が出てきてしまうというのは明らかに不都合がある。

3Dテレビ放送の「サイド・バイ・サイド方式」って？

こうした問題を解決するために生まれたのが、「サイド・バイ・サイド方式」と呼ばれる仕組みである。本方式は1画面を左右に2分割して、それぞれに左目用と右目用の映像を配置するというものだ。

当たり前だが、このままの状態だと左右に分割された画面で表示されてしまうので、3Dテレビ側の描画エンジンによって3D映像へと変換を行なう必要がある。具体的には、左側の画面から左目用、右側の画面から右目用の映像を抽出し、左右の映像を交互に画面へと映し出すことになる。こうして生成された映像をアクティブシャッター方式の専用メガネで見ると、立体的な映像として映るというわけだ。

サイド・バイ・サイド方式の利点は、なんといっても現状のテレビ放送規格のままで3D映像の配信ができるという点にある。サイド・バイ・サイド方式の3D映像は、中身は単に左右分割された映像なので、普通の2Dテレビでも受信自体は問題なく行なえる。ただし受信できるといっても、2Dテレビの場合は、左右に分割された映像で表示されてしまう。

また、3Dテレビ番組の録画については、サイド・バイ・サイド方式自体が現状の放送規格に沿った形式のため、2D番組と同じように問題なく行なえる。Blu-ray 3D対応でなくても、一般的なレコーダーでも録画可能だ。ただし、3D番組を放送しているチャンネルを見られないと録画ができないので、レコーダーにBSかCSチューナーを搭載している必要がある。

デメリットとしては、サイド・バイ・サイド方式では1画面を2分割して左右の映像を収録するため、映像の解像度が2分の1になってしまうという点が挙げられる。例えば、フルHDの1920×1080ピクセルの場合、左右に分割された映像はハーフHDの960×1080ピクセルになってしまう。
　このまま画面に映すと縦長の妙な比率の画像になってしまうので、3Dテレビ側で水平側に引き伸ばしてフルHDへと変換を行なう。映像としては一応のところ問題なく見えるのだが、とはいえ、元はハーフHDであるため、本来のフルHD画質と比べると映像のクオリティーは落ちてしまう。

サイド・バイ・サイド方式の画面表示

2D テレビでも受信可能だが、左右2画面に分割された縦長の映像になってしまう。

現状の放送規格のままで3D番組の配信を行なえるという点で、サイド・バイ・サイド方式は優れた仕組みだが、1画面を2分割するという仕組みである以上、画質の劣化という問題が常につきまとうことになる。3Dテレビの普及が進めば、いずれフルHD画質でのテレビ放送が検討される可能性もあるが、サイド・バイ・サイド方式はそれまでの〝つなぎ〟という意味合いが強い。

ちなみに、1画面を分割して映像を収録する方式には「トップ・アンド・ボトム方式」と呼ばれるタイプもある。サイド・バイ・サイド方式が画面を左右に2分割するのに対し、トップ・アンド・ボトム方式では画面を上下に2分割している。分割の方向が異なるだけで、その他の違いはない。

ニンテンドー3DSってなんでメガネをかけなくていいの？

現在、裸眼式3Dのハードで最も有名な製品は、任天堂の携帯ゲーム機『ニンテンドー3DS』（以下、3DS）だろう。日本では2011年2月26日に発売され、初回の国内出荷台数は約40万台に及ぶ。2011年3月までに361万台の3DSを世界に出荷した任天堂は、2012年3月までに1300万台の出荷を目標としている。

JEITA（電子情報技術産業協会）の統計によると、2010年の3Dテレビの国内出荷台数は全メーカー合わせて約53万台。一方、任天堂1社が販売する3DSは初回の国内出荷台数が40万台。ユーザー人気の高さが窺い知れよう。

3DSは上下2画面のダブルスクリーンのうち、上画面で3D表示が可能となっている。任天堂で公式発表されているスペックでは「裸眼立体視機能付きワイド液晶」としか説明されておらず、詳細は公表されていない。しかし、ニュースや専門誌などで報道されている情報から推測すると、3D表示には「視差バリア方式」というメカニズムを用いているようだ。

おさらいすると、3D表示の仕組みとは、左右それぞれの目に異なる映像を見せ、脳内でふたつの映像を合成させることで立体感が生じるというものだ。3D映画や3Dテレビも方式こそ異なれど、最終的に「左右それぞれの目に異なる映像を見せる」ことにより3D表示を可能としている。この点については3DSでも同様で、専用メガネを用いない裸眼式3Dではあるが、左右の目に異なる映像を送り込むことで立体感を生み出しているのだ。

それでは視差バリア方式では、どのようにして左右の目に異なる映像を送り込んでいるのかというと、縦の緻密なスリットが入った「視差バリア」を利用している。緻密なスリットと言われても具体的なイメージが湧かないかもしれないが、要は超細密な格子状の枠を想像すればよい。

視差バリアの下に置く画像は、スリットのラインに合わせて左目用と右目用に切り分けた短冊状の画像を交互に配置する。そして視差バリア越しに画像を見ると、隙間から覗き込むような状況になるため、左目からは左目用、右目からは右目用の画像しか見えなくなるのだ。

3DSの上画面のパネル解像度は、横800×縦240ピクセル。これを3D表示のために縦ライン1ピクセルごとに左右の画像を配置していくため、3D表示での実質的な解像度は縦400×240ピクセルとなる。3Dテレビのフル HD（1920×1080ピクセル）と比べると、かなり貧弱に感じるかもしれないが、3DSのディスプレイは3・53インチと小さいため、これでも十分な画質を確保できるのだ。

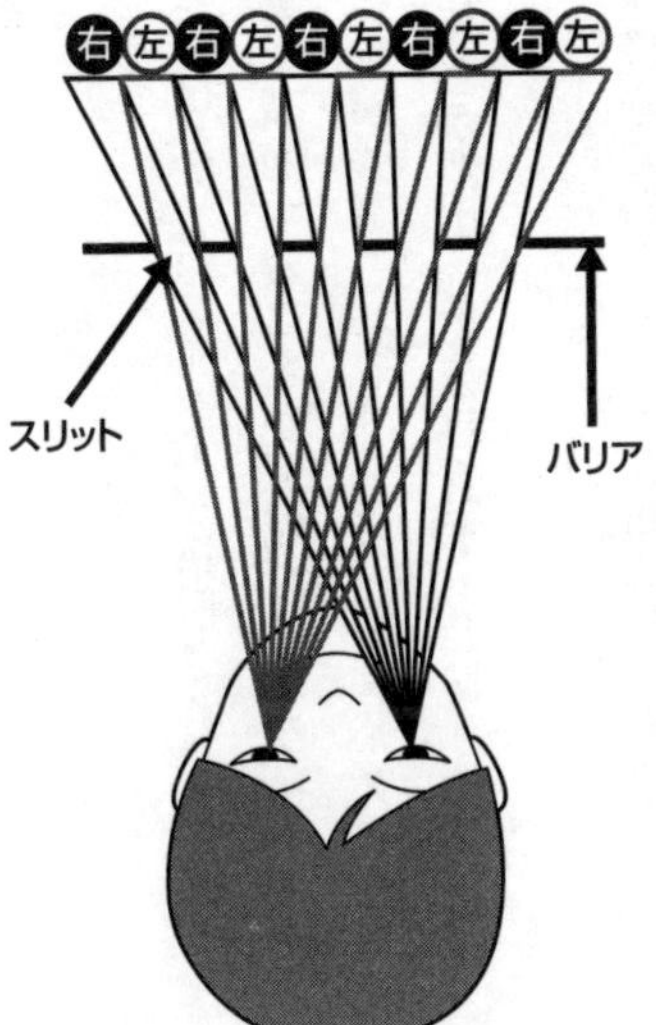

視差バリア方式のメカニズム

３ＤＳは２Ｄと３Ｄを切り替えられる？

３ＤＳの上画面の右端には「３Ｄボリューム」と呼ばれるスライダーが搭載されている。このスライダーを上下に動かすことで、３Ｄの効果を調節することが可能だ。スライダーを最大側に操作すると画面内の奥行きが深まり立体感が強調される。一方、スライダーを最小側に操作すると、３Ｄの効果はオフとなり、立体感が消失して2Ｄ表示へと切り替わる。

この立体感を最大から最小（２Ｄ表示）まで、無段階で調節できる仕組みは、今までの３Ｄデバイスにはなかった試みだ。ただし、これはあくまでゲーム機だからこそできる挑戦。ゲームコンテンツは、リアルタイムでグラフィックを描いて（作り上げて）いるため、立体感の調節が可能なのだ。あらかじめ録画した映像などのコンテンツでは、立体感の調節はできず、立体視のオンとオフを切り換えるぐらいの効果しか得られないという。

通常の３Ｄ映像コンテンツでは、映像制作サイドが映像の立体感の決定権を握っている。「多くの人にとってちょうどよい立体感」を模索し、調節しているのだ。しかし、任天堂の考え方は違った。人によって心地よく見える立体感は違う。そして、同じ人であっても作品やシーンによって、要求する立体感も違う。場合によっては、その日の気分で立体感を変えたいかもしれない、と。派手なアクションゲームでは最大の立体感で、しんみりとしたシーンなら抑えめの立体感に。このような直感的な立体感の調節を実現するために「3Dボリューム」は生まれた。

そして、直感的な3D効果の調節を実現するためのもうひとつのポイントが、スライダーによる操作だ。数値を操作するようなデジタル的な操作方法も可能だったであろうし、おそらくそのほうがコスト面でも有利だったはずだ。しかし、ユーザーにとって心地よい3D立体視を追求した任天堂は、あえてスライダーにこだわっているのだ。

では、3Dと2D表示の切り替えは、一体どのようなメカニズムによって実現しているのだろうか? 任天堂からは公式にアナウンスされているわけではないが、「視差バリア」の状態を変化させることで実現させているものと考えられる。3DSでは、スリット状の視差バリアによって左目用と右目用の画像を分割している。具体的には、1ピクセルの縦ラインで交互に分割配置された左右の画像を、視差バリアの隙間から覗き込むことで、左右それぞれの目に異なる映像が映し出される仕組みだ。

もし、この視差バリアを消して、画面表示を左右交互の３Ｄ配置ではなく通常の２Ｄ画像にできれば、ディスプレイは通常の２Ｄ画面となんら変わりないものとなる。ゲーム機であれば、画像の配置を２Ｄ表示にする程度のグラフィック処理は瞬時に行なえるだろうが、問題は視差バリアのオン・オフである。視差バリアというと物理的な仕組みにしか思えないが、こうしたスリット自体を消すことができるのかと誰しも疑問に感じるはずだ。

しかし、３ＤＳで採用されている視差バリアは物理的なものではなく、液晶の透過率を利用した電子的なスリットであると考えられている。液晶は透過率をコントロールできるので、透過率を最大にすれば透明になり、ゼロにすると光を通さなくなるのだ。

視差バリアの液晶パネルをオンにすればスリットが現れて３Ｄ表示が可能となり、視差バリアの液晶パネルをオフにすればスリットが消えるため２Ｄ表示を行なえる。あとは視差バリアのオン・オフに応じて、画像も通常の２Ｄ表示と縦ラインで分割配置された３Ｄ表示へと切り替えれば良い。

第4章—3D映像を作る

家庭向けの3Dビデオカメラってどんなものがあるの？

3D映画や3Dテレビが多数登場したことによって、立体映像はより身近な存在になってきた。今や、単に3D映像を見るだけなら特段困ることはない。取りあえず見たいという程度なら劇場に足を運べばいいし、自宅でじっくり楽しみたいなら3Dテレビを購入すれば良いのだ。

しかし、〝見る〟ということはいわば受け身の行為である。3D映像に慣れ親しんでくるうちに、やがて自分自身でも3D映像を作り出したいという能動的な欲求が生じてきても不思議はない。

また、ビデオカメラ購入の主たる目的は、いつの時代においても「子供の成長記録」が上位に位置している。子供の姿を臨場感あふれる3D映像で残せる手段があるとしたら、親としては少々高いものであっても、できれば入手したいと考えるはずだ。

もちろん家電メーカーとしても、こうした需要を当て込んで、家庭向けの3Dビデオカメラを次々とリリースしている。2011年3月時点での情報を元に、主だった製品のみ列挙すると、パナソニックの『HDC−TM750』（別売の3Dコンバージョンレンズ『V

W－CLT1』と組み合わせて使用）、日本ビクターの『GS－TD1』、ソニーの『HDR－TD10』がある。他にも富士フィルム製『FinePix REAL 3D W3』もあるが、どちらかというとデジタルカメラに属する製品であるため、ここでは除外した。

パナソニック、日本ビクター、ソニーいずれの製品も人間の目玉のような2眼式のレンズを搭載しており、通常のビデオカメラでは不可能な3D映像の撮影が可能としている。3Dビデオカメラなどと言われると非常に高額なイメージがあるかもしれないが、3製品とも実売価格では20万円以下（パナソニック製はVW－CLT1を含む価格）で入手可能

パナソニック『HDC-TM750』（コンバージョンレンズ VW-CLT1 を装着）
2010 年 8 月に登場。AV 専門誌をはじめ、各誌で数々の賞を受賞した。
URL：http://panasonic.jp/dvc/tm750/

だ。つまり通常のデジタルビデオカメラにやや上乗せした値段で入手できるため、取りあえず3D撮影機能付きのカメラを買ってみようという人も多いだろう。

今後、3Dデジタルカメラのラインナップが増えれば価格帯はさらに下がり、より多くの方が「3D撮影機能があったほうが便利かも」という気軽な感覚で3Dビデオカメラを選ぶようになってくるだろう。しかし、予備知識なしに3Dビデオカメラを買ってしまった場合、実際に使用する段になってから様々な疑問が生じてくるはずだ。その最たるものが、「3Dテレビを持っていないのに3Dビデオカメラを買ってしまった」場合である。

3D撮影した動画はどうやって見るの？

3Dビデオカメラで撮影した3D動画は、3Dテレビがないと見られないのでは？ そうした不安を抱いている人は少なからずいるだろう。確かにそのとおりで、基本的には撮影した3D動画を3D表示で再生するには、3Dテレビが必須。2Dテレビでは、どうやったところで3D表示は不可能だ。

その場合、3Dで撮る必要がない動画は、最初から2Dで撮影してしまうという手がある。日本ビクターのGS−TD1、ソニーのHDR−TD10については、3D撮影モードのほか、2D撮影モードも用意している。また、パナソニックのHDC−TM750は、3Dコンバージョンレンズ『VW−CLT1』を外してしまえば、通常の2Dデジタルビデオカメラとして動作する。元から2Dで撮影してしまえば、通常の2Dテレビでも問題なく視聴可能だ。

ただし、日本ビクターのGS−TD1は、本体に裸眼式3D液晶モニターを搭載しているため、3Dテレビがなくても3D再生を行なうことが可能だ。その他の機種は3Dモニターを備えていないため、3D映像を3D表示で見るには、やはり3Dテレビが必要となる。

しかし、取りあえず3D動画で撮影をしておいて、2D表示で構わないから通常の2Dテレビで鑑賞したいというケースもあるだろう。例えば、現在は3Dテレビを持っていないが、将来的に買うつもりである、あるいは出先で人に見せたい場合など。こうなると、「3D動画を2Dテレビで2D再生する」必要が生じてくる。

結論から言えば、前述の3機種については、3D撮影した動画でも2D表示に変換して再生することが可能だ。カメラ本体の設定から2D－3D表示の切り替えを行なったり、接続先のテレビのタイプによって自動で2D－3D表示を切り替えてくれるなど、機種によって操作や手順に違いはあるが、「3D動画を2Dテレビで2D再生する」機能はすべて搭載されている。

こうした点を考慮すると、3Dビデオカメラを買った場合、基本的には3D撮影を行なったほうが無難だと言えるだろう。なぜなら2Dで撮影した動画は3Dに変換することはできないが、3D撮影した動画であれば2Dと3Dのどちらでも再生できるからだ。

3Dビデオカメラの3D方式ってみんな同じなの？

2011年4月時点では、残念ながら3D動画の記録方式は規格統一されていない。各メーカーがそれぞれ独自規格を採用しているという状況だ。

とは言っても、まったく異なるフォーマットを使っているかというと、そういうわけでもなく、実質的には似たような方式を用いている。なぜなら、撮影した動画を視聴する3Dテレビ側が、3D視聴の国際標準規格〝Blu−ray 3D〟を一様に採用しているためだ。別の言い方をすれば、3Dテレビとは「Blu−ray 3Dを必ず再生できるハード」というわけだ。

一方、第3章で説明したとおり、3Dテレビ放送においてスタンダードなフォーマットになっているのは、「サイド・バイ・サイド方式」である。こちらはBlu−ray 3Dと違って標準規格ではないものの、3Dテレビ放送の主流になっている規格のため、メーカーとしては3Dテレビで本方式をサポートせざるをえない。

つまり3Dテレビは、Blu−ray 3Dかサイド・バイ・サイド方式の3D映像であれば、必ず3D再生ができるようになっている。それならば、3Dビデオカメラは、この両方式をサポートすれば3Dテレビとの連携性を高められる。つまり、「最もユーザー志向に立った仕様」ということになる。

おさらいすると、まず、サイド・バイ・サイド方式は、フルHD（1920×1080

ピクセル）画面を2分割して、左目用と右目用の映像を配置するというものだ。画面を水平方向に分割して左右の映像を収めるため、実質的な解像度はハーフHD（960×1080ピクセル）になる。

このサイド・バイ・サイド方式を記録方式に採用しているのが、パナソニックのHDC－TM750&VW－CLT1と、日本ビクターのGS－TD1である。両機種共に、メジャーな動画記録フォーマットである「AVCHD形式」と呼ばれる動画をサイド・バイ・サイド方式で保存できる。

ただし、GS－TD1がハーフHDの3D映像を記録できるのに対し、HDC－TM750&VW－CLT1については、若干落ちて828×980ピクセルとなる。これはHDC－TM750&VW－CLT1の場合、3D撮影時に左右の映像に黒枠がついた状態で録画されるためだ。この黒枠は、3D再生時に左右の映像が反対側に映り込む現象を防ぐ目的で付けているため、致し方なくはあるが、解像度が高ければ高いほど臨場感が上がるという3D映像の特徴を考えると、やや残念ではある。

一方、Blu－ray 3Dに沿った動画フォーマットを採用しているのが、ソニーのH

DR-TD10と、日本ビクターのGS-TD1だ。GS-TD1はサイド・バイ・サイド方式にも対応しているが、加えてBlu-ray 3Dに沿った動画形式でも保存が行なえる。

ちなみにBlu-ray 3Dについて少し解説をしておくと、映像の圧縮方式に「MPEG-4 MVC」と呼ばれるフォーマットを採用している。MPEG-4 MVCの特徴は、フルHD画質の3D映像を高い圧縮率で保存できることにある。通常、3D映像は左目用と右目用の映像が必要となるため、2D映像と比べると、単純計算で2倍の容量となってしまう。しかし、MPEG-4 MVCでは圧縮方法に工夫を施すことで、2D映像の約1.5倍ほどのデータサイズで3D映像を圧縮保存することが可能なのだ。

このようにBlu-ray 3Dで用いられているMPEG-4 MVCは、3D映像の保存を行なう上で非常に優れた圧縮フォーマットなので、3Dビデオカメラでも利用しない手はない。ただし、リアルタイムの圧縮に際してはかなりの処理速度が求められるため、ビデオカメラで採用している製品はまだ多くないというのが現状である。

HDR-TD10とGS-TD1は、共にMPEG-4 MVCに沿った方式で映像の保存を行なっているものと考えられるが、これはあくまで予想でしかない。なぜなら、公式発表のスペックでは「独自方式のＭＰＥＧ－４ ＭＶＣ」とされているためだ。ただし、両機種共にフルＨＤの３Ｄ映像を撮影できることは間違いないので、画質重視の方にはおすすめな機種であると言える。

撮った３Ｄ動画をブルーレイ・ディスクに保存できるの？

これらで撮影した動画はＢｌｕ－ｒａｙ３Ｄと似た規格であるため、撮影した３Ｄ映像をブルーレイ・ディスクに保存して再生できる……と考えがちだが、実際には保存できない。撮影した３Ｄ動画をブルーレイ・ディスクに「バックアップ」することはできるが、そこから直接再生することはできないのだ。

ブルーレイ・ディスクにバックアップした３Ｄ動画を見る場合には、いったん３Ｄビデオカメラのハードディスクに「書き戻し」て、３Ｄテレビと接続して再生する必要がある。なんとも面倒ではあるが、製品の仕様なので我慢するしかない。

3Dビデオカメラで撮影した3D動画の記録形式については、今のところ標準規格が策定されておらず、やや混乱した状況にある。これはユーザーからすると不利益極まりないことなので、一刻も早い規格統一が望まれる。おそらくBlu-ray 3Dで採用されているMPEG-4 MVCに沿った圧縮形式が最有力であろうが、まだ見通しは立っていないため、今後の展開を注意深く見守る必要がある。

3D映画って、どうやって撮影しているの？

家庭用3Dビデオカメラは通常の2Dビデオカメラと比較すると、やや大きくはなるが、それでも持ち運びに苦にならないサイズを実現している。製品によって重量は異なるが、それでも1キログラムを超えることはない。

しかし、劇場用3D映画を撮影する、いわゆるプロ向けの3Dカメラの場合は話が大きく違ってくる。元々映画撮影に用いるカメラ自体が巨大である上に、3D映画を撮るためには、こうしたカメラを2台用意して〝リグ〟と呼ばれる可動式のスタンドに並べて使用する必要がある。撮影システムがどうしても大掛かりなものになってしまうのだ。

３Ｄ映像とは、左目と右目に異なる映像を送り込むことによって成立するビジュアルである。このため、３Ｄ映像を撮影する際には、人間の目と同じように2台のカメラを同時に使用し、左目用と右目用の映像を撮影する必要が生じてくるのだ。

しかも、２台のカメラを用いて3Ｄ撮影する場合には、厳密な調整が求められる。カメラの設置に際しては2台の水平や垂直位置を厳密に合わせることはもちろんのこと、輝度や色調も完全に一致させなくてはならない。こうした設定を正確に行なわないと、左右の映像にズレが生じてしまい、うまく立体視が行なえない３Ｄ映像になってしまうのだ。

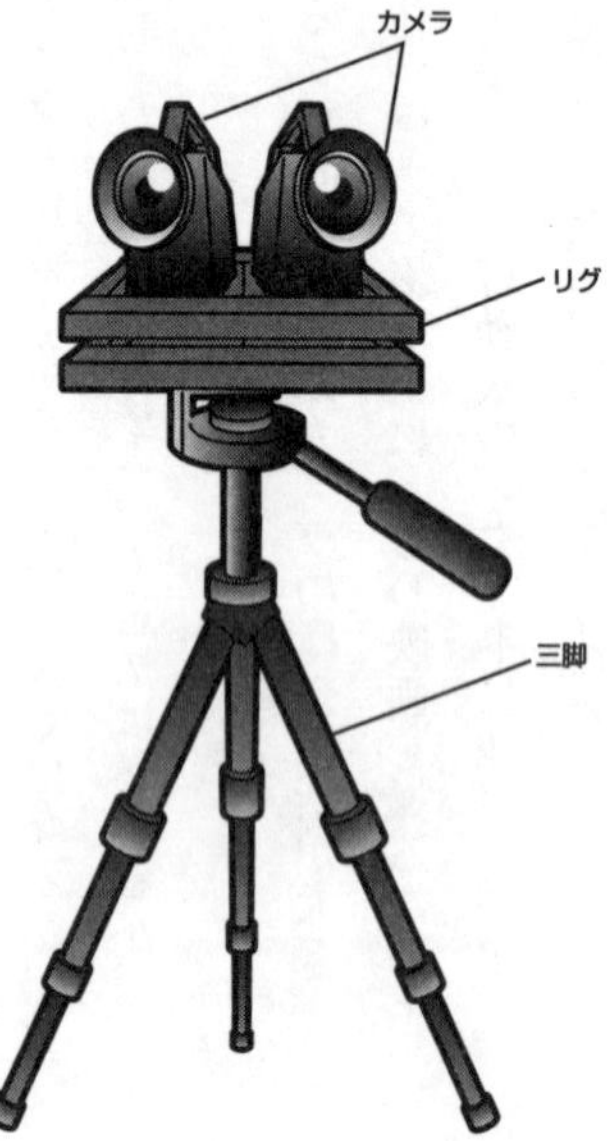

一般的なリグの構造

３Ｄ映画の撮影は、現状においては非常に手間がかかる上に、３Ｄ映像の扱いに熟練した専門スタッフも必須。さらに、先述したような特殊な３Ｄカメラが必要になるほか、撮影した３Ｄ映像を編集するための機器も揃える必要が出てくるのだ。

２Ｄ映画と比べると、３Ｄの製作部分でコストがかさんでしまうため、制作費は自ずと跳ね上がる。巨額の制作費を回収するためには、大きな興行収入を見込める大作映画である必要があるのだ。

例えば「アバター」の場合、制作費は約2〜3億ドル、全世界興行収入は20億ドル以上と言われている。莫大な制作費をかけているものの、それ以上の利益を得ることで「アバター」はビジネスとして成立しているが、もし映画が失敗に終わったとしたら、巨額の損失を負うことになる。３Ｄ映画の製作には、ひとつの現実として「ハイリスク・ハイリターン」という問題が常につきまとうのだ。

２D映像を後から変換して作る３D映画があるの？

３D映画の製作には３Dカメラで撮影した映像を用いる方法だけでなく、もうひとつの手段がある。それは通常の２Dカメラで撮影した２D映像を３D映像に変換するという方法だ。こう書くと、おそらく３D映像の仕組みにある程度造詣が深い人ほど、「元が２Dの映像を３Dに変換することができるの？」と不思議に思われることだろう。

そもそも人が３Dを認識する仕組みとは、人間の左右の目が約6センチ離れていることにより、左目と右目の視界にズレが生じ、それらを脳内で合成することで立体感を感じ取るというものだ。これは「両眼視差」と呼ばれるメカニズムだが、映像で両眼視差を再現するためには、人の左右の目に異なる画像を見せる必要が生じてくる。

一口に異なる画像といっても適当な内容ではもちろんダメで、撮影時には両眼視差を再現した約6センチ離れた2台のカメラで映像を収録する必要がある。こうして３D用に撮影された2種類の映像を左目と右目に別々に見せることにより、人は正常な立体感を味わうことができるのだ。

つまり、3D映像では、両眼視差のズレを再現した2種類の映像が必須であり、そうした映像を用意するにはカメラ2台を用いて左右の動画を撮影する以外に方法はないと考えるのが普通だ。しかし、実際には2D映像を3D映像に変換する方法が存在しており、すでに映画製作の現場でも利用されている。

こうした3D変換業務を日本で早期から手掛けていたのが、東京・赤坂にオフィスを構える国内ポストプロダクション大手のキュー・テックだ。ポストプロダクションの業務とは、分かりやすく言えば、加工前の映像素材に、映像編集や音楽編集、VFXによる特殊効果の挿入などを施し、最終的に視聴者が目にする完成品の映像に仕上げることである。

同社では2008年に国内のポストプロダクション会社としては初めて米RealD社の3Dシステムを導入し、3D映像の編集スタジオをオープンさせている。いわば国内における3D編集の草分け的存在とも言える会社だ。

同社が3D変換で携わった作品は数多い。実写映画では「THE LAST MESSAGE 海猿」や「アルビン号の深海探検 3D」、「侍戦隊シンケンジャー 銀幕版」。劇場アニメでは「トリコ3D 開幕グルメアドベンチャー!!」と「劇場版3D あたしンち 情熱のちょ

〜超能力♪母 大暴走！」、「劇場版 遊戯王〜超融合時空を超えた絆〜 3D」。劇場映画のほかにも、イベントやゲーム、アトラクション用の3D映像化などにも関わっている。

そして、これら作品に共通するのは、元の映像ソースはあくまで2Dであり、同社の3D技術によって3D映像へ変換しているという点である。

どうやって2Dを3Dにするの？

3D変換の作業とは、映像の1コマ1コマを加工して、左右2種類の画像を生成していくというものだ。具体的な内容は左記のとおりである。

まず、1コマの画像から人物や背景など立体感をつける部分を判断する。次に立体感をつける部分を「マスクワーク」と呼ばれる作業でひとつひとつのパーツに切り分けていく。切り出したパーツを、適切な立体感が出るようにずらして配置することで、左目用と右目用2種類の画像ができあがる。

こうした手順を繰り返し、映像の全コマから左右の画像を作り上げることで1本の3D

映像が完成する。映画のコマ数は1秒24コマだから、全コマを合わせると膨大な分量になるが、1コマ残らずすべてのコマについて加工を行なう必要がある。一部セミオートで処理できる部分もあるが、基本的にはすべて手作業だ。

しかも、3D映像が完成した後も、さらなるブラッシュアップの作業は続く。幾度も試写を繰り返して、3D映像に不自然な点がないかをチェックするのだ。3D効果がうまく出ていないシーンはないか、カットが切り替わる際に3Dの距離感が急に変化しないかなど、自然に見える3D映像を目指して地道な修正を施していく。

また試写の段階で監督の要望を取り入れて、3Dの効果を調整していくことも重要なポイントとなる。ブラッシュアップには3D変換の作業と同等、もしくはそれ以上の期間をかけて行なっていくのだ。

キュー・テックによると、2時間の劇場映画を3D化する場合、専門スタッフ30名の体制で約4ヵ月ほどの期間を要するという。ただ、映画の内容によって作業量も変わってくるので、これはあくまで目安としての数値だ。

「ひとつの画像から2枚の異なる画像を生成する」。こう書くと、いかにもコンピュータによるCG処理に適した作業と思われるかもしれない。しかし、実際には劇場クオリティーの3D変換をフルオートで実現するのは困難である。

「確かに今後技術が進めば、オートで行なえる作業は増えてくるかもしれません。しかし、人の判断が必要な部分は絶対になくならないはずです」。こう語るのは、同社でCGIディレクター／S3D監督を務め、数多くの劇場用映画の3D変換を手掛けてきた三田邦彦氏だ。同氏によると3D変換とは単なる画像処理ではなく、映像演出のひとつであると説明する。

「3D変換というと機械的な印象を与えてしまいがちですが、実際にやっていることは映像の再構成と言ったほうがふさわしいものです。ク

一般的な 2D-3D 変換の作業

オリティーの高い３Ｄ変換を行なうには、ストーリーの起伏や前後のカットを考慮した上で立体感を緻密に調整する必要があります。こうした作業は、高い映像センスと編集スキルを持った人材、そうしたスタッフに対して的確な指示ができる３Ｄディレクターがいないと、おそらく無理でしょう」

例えば、同社が３Ｄ変換を担当した「ＴＨＥ ＬＡＳＴ ＭＥＳＳＡＧＥ 海猿」では、ストーリーの起伏が激しい前半や後半では立体感を強調するようにし、比較的ゆるやかな展開の中盤では立体感を抑え気味にして観客の目を休めるといった配慮を行なっている。

本作は同シリーズ完結編となる感動巨編である。物語の内容を無視して闇雲に立体感を追求してしまっては、観客は映画に集中することができない。作品にふさわしい３Ｄ演出を行なうには、シナリオの内容をしっかりと把握し、さらに監督の意図する画《え》作りをも汲み取らなくてはならないのだ。

アニメも３Ｄ化できるの？

３Ｄ変換技術の強みとは、映像であればどんな内容でも立体化できるという点にある。例えば過去の映画作品であっても、３Ｄ変換を用いれば３Ｄ映画という新たな映像コンテンツへと作り直すことが可能だ。

そう考えると、すでに存在している映画の数だけ、３Ｄ変換の潜在的な市場はあるとも言える。今後、３Ｄに対するニーズが高まっていった場合でも、３Ｄ変換なら３Ｄコンテンツの安定供給が可能だ。そうした意味においても、３Ｄ変換技術は大きなビジネスチャンスの可能性を秘めていると言える。

実写映画はもちろんのこと、日本ならではのセルアニメーションも３Ｄ変換が可能である点にも注目したい。というのもアニメの３Ｄ化は、今のところ３Ｄ変換による方法こそが最も適しており、また唯一の手段であると考えられるからだ。

セルアニメでは、セルと呼ばれる透明なシートにキャラクターの動きを1枚ずつ描き、これを背景の絵と合わせて撮影していくことで動画を作り上げていく。現在はデジタルアニメに移行したため、作画作業はパソコンで行なわれるようになったが、動画の元絵を1枚1枚描くことには変わりはない。

つまり、セルアニメの場合、元は手描きの絵であるため、3D化に際しては左目用と右目用の2枚の絵を、遠近感によって変化する視差を考慮し、正確に描かなくてはならないことになる。当然、これは不可能である。

だが、3D変換を利用すれば、アニメスタジオは従来通り2Dアニメを制作することが可能で、日本アニメの魅力をそのままに3D化することができる。さらにアニメの3D変換は、実写よりも効率がいいというメリットがある。3D変換では通常、1コマの動画から人物や背景など立体感をつけたい部分を判断し、立体感をつける部分を「マスクワーク」と呼ばれる作業で別個のパーツに切り分けていく必要がある。

しかし、アニメの場合は、キャラクターや背景が元から別々の絵になっているので、これらを流用することで、マスクワークにかかる手間をかなり省くことができるのだ。しかも、こうした作業は、アニメスタジオと事前にミーティングを行ない、3D化を前提にした作画をしてもらうことで、さらなる効率化が可能だという。

セルアニメの3D化は、アニメスタジオはもちろんのこと、実際の作業を行なうポストプロダクションにとってもメリットのある、いわば「Ｗｉｎ－Ｗｉｎ」の関係にある。ただしマスクワーク以外の３Ｄ変換作業に際しては、実写にはない、アニメならではの難しさが生じる点もある。それはアニメの絵が単なる現実の風景のトレースではなく、独特のパース（遠近）やデフォルメ、キャラクターデザインで構成されているためだ。

ゆえにアニメを実写映画と同じ要領で３Ｄ変換してしまうと、妙な立体感になってしまうことがある。例えば、人物の背景にある物体が３Ｄだと変に大きく見えてしまったり、本来は人ごみを駆け抜けるシーンのはずが３Ｄだと明らかに人にぶつかって見えてしまったりなど、現実の物理法則を無視した不自然な３Ｄ映像ができあがってしまうのだ。

それでは、アニメの絵を実写のように正確に描けば良いのかと言うと、そういうわけではない。むしろ現実にそぐわない〝嘘の絵〟だからこそ、アニメならではの演出や描写が成り立ち、アニメならではの面白さが出てくると言えるのだ。

だからこそ、アニメを３Ｄ変換する際には、何よりも変換作業を行なうスタッフのスキルと経験が重要となる。アニメという現実にはありえない虚構の絵を、いかにして自然な３Ｄに見せるかという手腕が求められるのだ。

第5章—3D映像を疑う

３Ｄは目に悪い？

３Ｄに関して多くの人が心配しているのが、「視力に悪影響がないか？」という点だ。例えば、３Ｄテレビの各種アンケート調査でも「３Ｄテレビを購入しない理由」には、いつも「目に悪そうだから」という意見が上位にランクインしている。人間は知らないものに対しては、少なからず恐怖心を感じる。ましてや３Ｄというビジュアル手法は、今まで２Ｄの映像に慣れ切ってきた者にとってはなんとも得体が知れない。

それでは、３Ｄ映像と２Ｄ映像とでは、目にかかる負荷で具体的に何が異なるのかというと、輻輳《ふくそう》の動きと目のピント合わせである。輻輳とは近くのものを見るときに目を内寄りにする動きのことで、ピント合わせとは見るものの距離に応じて眼球内部の水晶体が調節を行なう働きのことだ。

２Ｄ映像を見る場合、目の焦点は画面だけに合うので、輻輳もピント合わせも固定されたままになる。一方、３Ｄ映像の場合は、目の焦点は画面に合うのでピント合わせは画面に対して行なわれるが、目の輻輳については３Ｄ映像の立体感に応じて変化することになる。つまり、2D映像と違って3D映像を見る際には、目の輻輳が生じるということだ。
しかし、輻輳の有無が目に悪影響を与えるという確証はない。例えば、現実の風景を見る場合、人間は目のピント合わせと輻輳を常に行なっており、これこそが日本来の自然な動きであると言える。一方、テレビや映画で2D映像を見る場合は、目の焦点は画面に合わせたままになるので、当然、目のピントも輻輳も固定されたままになる。いわば、これは不自然な目の動きだ。

そう考えると、現実の風景を見るように目の輻輳が行なわれる3D映像のほうがより自然に近いビジュアルだとも言える。3D映像が目に与える影響については専門家の間でも見解が分かれており、「適切な3D映像を見ることは、目の輻輳によって眼球の筋肉が鍛えられるため目に良い」という意見もあれば、「3D映像により不自然な輻輳が起きる可能性があるため目に悪い」という意見もある。

そして2011年4月現在において、3D映像が目に良いか悪いかという点についてはは決定的な結論は出ていない。率直に言えば、3D映像は自己責任で見るしかないということとだ。

「自己責任」と言うと少々突き放した言い方に聞こえるが、訴訟大国アメリカでさえも3Dハードで大きな裁判が起きた例はない（2011年4月現在）。そもそも大手企業である家電メーカーが仮にも世界展開で販売するテレビに健康問題があったとしたら大問題である。事前に入念な調査を行なって、「3Dが視力に与える悪影響はない」という判断を下しているからこそ、今こうして3Dテレビは家電製品として一般消費者の元へ販売されているのだ。

あまりに慎重になりすぎて、せっかくの3Dエンタテインメントを味わわないのは少々もったいない。現状で対策しうる点だけ注意を払い、3D映像を積極的に楽しむほうが建設的ではないだろうか。


それでは実際に映像産業や家電業界は、3Dが健康に与える問題についてどのような取り組みを行なっているのか。それを知るには、3Dに関する安全指針をまとめた『3DCガイドライン』を読むとよい。本ガイドラインは、3Dハードやコンテンツの普及促進を図ることを目的とした団体である３Dコンソーシアムによって策定されたものだ。３Dコンソーシアムにはパナソニックやソニー、東芝、シャープなど大手家電メーカーが会員として名を連ねており、各メーカーは本ガイドラインに沿って３D製品を製造している。

なお、３DCガイドラインは３Dコンソーシアム公式サイトで公開されているので、誰でも読むことが可能だ。

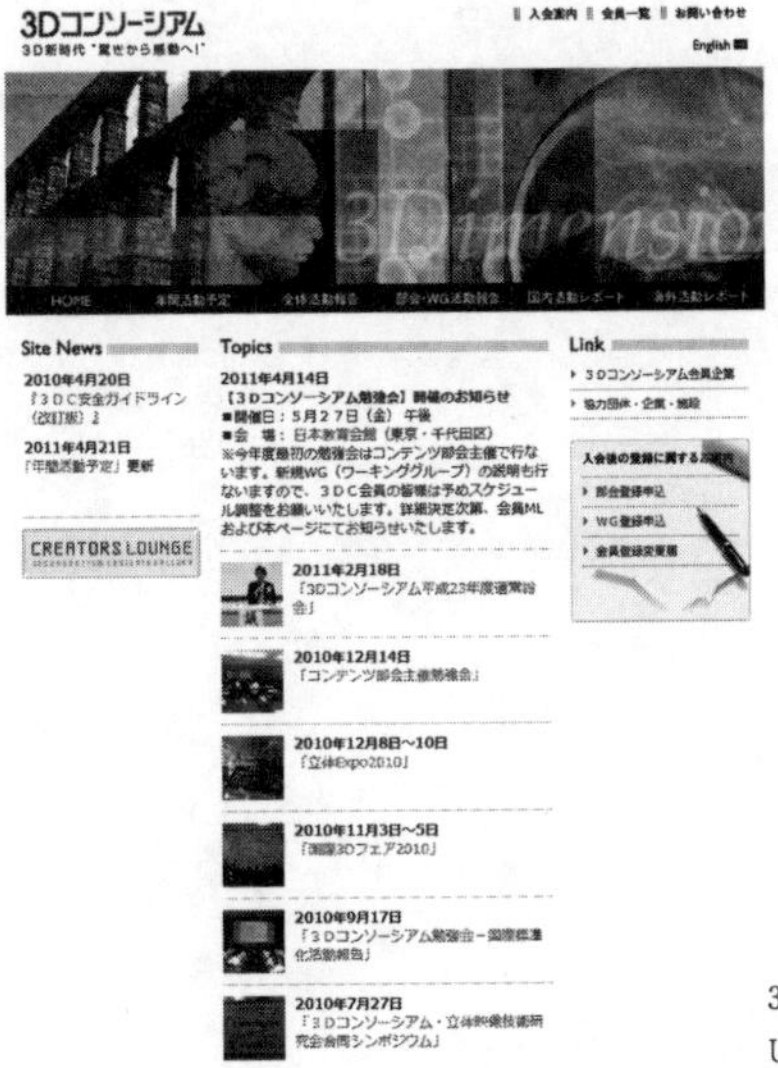

3D コンソーシアム公式サイト
URL：http://www.3dc.gr.jp/jp/

３Ｄ映像を観る際に注意すべき点は？

３ＤＣ安全ガイドラインでは、３Ｄの視聴に際していくつかの注意喚起を行なっている。主な内容は左記のとおりだ。

・立体視がうまく行なえない場合は直ちに使用を中止する。
・左右の映像を逆に見ない。専用メガネを逆にかけない。
・両目の視線はディスプレイと水平になるように心掛ける。
・立体映像の視聴は適正な位置から行なう。
・長時間の視聴は避ける。疲れたら休憩を取る。
・視聴年齢は５～６歳以上からが目安。
・視聴中に不快感を覚えたら直ちに使用を中止する。

適正年齢以外の項目については、どれも目の疲労に関する内容である。３Ｄ映像では正常な立体視ができていない場合、クロストーク（残像）やフリッカー（ちらつき）と呼ばれる現象が発生することがある。こうした崩れた3D映像を見ていると眼精疲労を引き起こしてしまい、その状態で映像を見続けてしまうと疲れや酔いなどの症状が発生する可能性があるのだ。

一方、視聴年齢については、幼児期における目の成長に関しての注意になる。人間の目は、通常は5~6歳で大人と同程度の視力まで成長する。0~5歳までは目が成長途中にあり、視力は1・0に達しておらず、立体視の能力も発達途上の段階にあるのだ。3DC安全ガイドラインでは目の発達に影響を及ぼす可能性を考慮し、視聴年齢という目安を提示している。

3DC安全ガイドラインによる注意事項を鑑みるに、正常な3D映像を見る限りは大きな問題はないが、なんらかの原因で崩れてしまった3D映像を見ていると、身体になにかしらの負荷を与える可能性があると考えられる。

現在の3D映画や3Dテレビについて言えば、正常な立体視を行なうにあたっては利用者の自主的な努力に頼るところが大きい。視聴位置や体勢などを意識的に適切な状態で維持しないと、3D映像が崩れてしまうためだ。崩れた3D映像は、すでに3D映像と呼べる代物ではなく、いわば低クオリティーの2D映像である。

つまり「3D映像が目に悪い」ということではなく、なんらかの理由で3D映像が崩れてしまってクロストーク（残像）やフリッカー（ちらつき）のある2D映像になってしまったとき、利用者に悪影響を与えるのだ。

罪は3D自体にではなく、そのクオリティーにある、というわけだ。

「崩れた3D映像」が目に与える影響とは？

日本では1997年に「ポケモンショック」と呼ばれる事件が起きている。これは、テレビアニメ『ポケットモンスター』でフラッシュとストロボを組み合わせたような激しい点滅のシーンを見た視聴者の一部が不快感を訴え、病院に搬送されたというものだ。当時、テレビニュースでも大きく取り上げられたので、記憶に残っている人も多いだろう。原因ははっきりとは分かっていないが、激しい点滅を見ることによって光過敏性発作が発生したものと考えられている。

3D映像が崩れたときに発生するクロストークやフリッカーも、過剰に発生すればポケモンショックの点滅シーンと似たものだ。繰り返しになるが、「3D映像が身体に悪いのではなく、３Ｄ映像が崩れた場合に問題が発生する」ということである。

２Ｄ映像については制作者が注意を払えば、光の点滅的な演出は控えることができる。一方、３Ｄ映像については映像の中身には問題がなくても視聴者が適切な状態で見る努力をしないと、クロストークやフリッカーが発生してしまい、眼精疲労を生み出してしまうのだ。

３Ｄ映画や３Ｄテレビなど現在の３Ｄハードは、利用者が自主的に正しい視聴環境を整えない限りは、クロストークやフリッカーが必ず発生してしまう。逆に言えば、適切な状態で３Ｄ映像を見さえすれば、クロストークやフリッカーは極力減らせるということだ。

もし、なんらかの原因で崩れた３Ｄ映像を見続けてしまった場合は、疲れ目や目の乾き、めまい、頭痛、吐き気、映像酔い、背中の痛みなどが生じる可能性がある。とにかく少しでも疲労を感じたら、専用メガネを外して映像から視線をそらして休憩を取るように心掛けたい。


ユーザー視点で考えれば、どんな状態でも絶対に崩れない３Ｄ映像を実現できればベストだが、残念ながらそれは当分望めそうもない。少々面倒に感じるかもしれないが、３Ｄ

映像を見る際には注意事項をよく守って正しいスタイルで見るように心掛けたい。その点さえ気をつければ、3Dに対して変に臆病になることはないだろう。

3Dテレビの2D-3D変換機能って?

3Dテレビを購入する際に、ユーザーが重視する点が〝2D-3D変換機能〟の有無だ。これは、通常の2D映像を3D映像へと変換する機能のことである。

どのアンケート結果でも、3Dテレビで見たい映像コンテンツのトップには映画が位置しているが、現状において3D映画を見るためには、事実上、Blu-ray 3Dのビデオディスク(ソフト)を購入する以外に方法はない。3Dテレビ放送という手段もなくもないが、現状で3Dテレビ放送を行なっている局はあまりにも少ない。

また、どうにかして3D放送を見られたとしても、タイミングよく3D映画を流しているとは限らない。結局のところ、3D映画を楽しむにはBlu-ray 3Dのソフトに頼るほかないのだ。

しかしながら、３Ｄ映画の場合はＢｌｕ－ｒａｙ ３Ｄという手段があるだけ、まだ幸運と言える。というのも、３Ｄ映像で見たいコンテンツとして、映画の他にもスポーツやアニメ、ドラマなども上位にランクインしているが、これらは３Ｄ映像として流通しているコンテンツの絶対数が圧倒的に少ないのだ。つまり、３Ｄ映画のように金を出せば買えるというものではないため、ユーザーにとってはなんとも不満の残るところであろう。

３Ｄ映像を見るには金がかかる。しかも、コンテンツによっては、お金を出しても見られない――。こうしたデメリットを解決するために、家電メーカーが考え出したのが、３Ｄテレビに「２Ｄ－３Ｄ変換機能」を搭載するという策である。

２Ｄ－３Ｄ変換とは、通常の２Ｄ映像を３Ｄ映像へと変換する機能だ。テレビ番組はもちろんのこと、２Ｄのブルーレイソフトやﾄﾞ DＶＤソフトも３Ｄ化できるので、３Ｄコンテンツのためにわざわざ出費をする必要もなく、ユーザーは気軽に３Ｄ映像を楽しめる。こう書くと、なんとも素晴らしい夢の機能に思われるかもしれないが、実際には様々な問題を抱えている。

2D－3D変換の効果は？

そもそも2D－3D変換とは、コンピュータが2D映像をリアルタイムに解析して奥行きや立体感を割り出し、3D映像の元になる左目用と右目用の2種類の映像を作り出すというもの。つまり、2Dの画像から3D空間を生成しているということだ。

ただし、ある程度までは3D映像化することは可能だが、やはり、どうしても3D化できない箇所が発生してしまう。人間ならごく自然に2D画像から物体の位置関係や奥行きを感じ取ることができるが、同じことをコンピュータ処理で行なうのは現状の技術でもまだまだ難しいためだ。

3D変換がうまくできていない箇所があると、3D映像としては極めて不自然なものとなってしまう。最初から3D映像として制作されたBlu－ray 3Dによる映像コンテンツと比べると、その差は歴然だ。

「2D－3D変換による3D映像は、元々3D用に作られた映像に比べてクオリティーが落ちる」

この厳然たる事実は、家電メーカーでも周知のことであろう。とはいえ、家電メーカーとしては3Dテレビを売るために、ユーザーの要望にはできる限り応えていきたい。ある意味、苦肉の策として2D－3D変換機能を搭載しているのだ。そうしたメーカーの苦渋の思いは、製品の注意事項にもよく現れている。

例えば、メーカー公式サイトの3Dテレビ紹介ページでは、2D－3D変換機能について左記のような注意書きを行なっている。

「3D専用に撮影された映像ほどの効果はありません。映像によって3Dの効果には差があり、感じ方にも個人差があります」（ソニー）

「2D3D変換機能は、お客様が個人的に撮影した2D3D映像やお好みの放送映像等をお客様の選択により3D映像として家庭で楽しんでいただく事を意図しております。2D3D変換された映像を3D映像として録画することはできません。映像によって3D効果には差があり、その感じ方にも個人差があります」（東芝）

「3D専用に撮影された映像ほどの効果はありません。映像によって3Dの効果には差があり、感じ方にも個人差があります。「3Dボタン」を使って3D映像に変換したコンテンツの視聴時間が、1時間を経過すると自動で2D映像に戻ります」（シャープ）

このように、メーカー自身が「2D－3D変換機能の効果には限界がある」と認めているのだ。通常、製品紹介のWebページでは自らの製品の優位性を大いにアピールするのが当たり前。そこで製品の欠点を示唆するようなことを書くというのは異例と言っていい。

確かに3Dコンテンツの不足を補うには2D－3D変換機能はうってつけではあるが、反面、クオリティーの低い3D映像を見せてしまうことでユーザーの不興を買い、3D離れを引き起こしてしまう可能性がある。家電メーカーとしては、ある意味で仕方なく2D－3D変換をつけているが、3D映像を100パーセント楽しみたいなら、Blu－ray 3Dの映像コンテンツを見てほしいというのが本音ではないだろうか。3Dテレビ購入に際しては、2D－3D変換機能に過度な期待は抱かず、画質やネット機能、価格など、他の要素を重視したほうが良いだろう。

3Dテレビは何インチ以上が適正なの?

2Dテレビを買う場合、予算や部屋のスペースなどをまったく無視していいということであれば、おそらくほとんどの人が大画面モデルを選ぶだろう。一方、3Dテレビの場合は、多くの人が基本的な知識を持っていないため、一体何を基準にして買ったらいいのか判断に迷ってしまうことがある。3Dだとなんとなく制限がありそうで、実は小画面モデルのほうが3Dの効果が高いのでは?と考えている人もいるのではないだろうか。

実際には3Dテレビ特有の制限というものは存在しない。2Dテレビと同じく、3Dでも画面は大きければ大きいほど迫力が増して臨場感のある映像を楽しめる。あえて挙げるなら視聴距離の制限があるが、これはなにも3Dに限った話ではなく、2Dテレビにも同様のルールが存在する。

ただし、2Dテレビがいい加減な視聴距離でも取りあえずは映像自体が見られるのに対し、３Ｄの場合は適正な視聴距離でないと３Ｄ映像が正常に見られないため、より厳格に守る必要があるだけだ。

薄型テレビの最適な視聴距離は、画面の高さの約３倍とされている。これを専門用語で「３Ｈ」と言う。ＨはＨｅｉｇｈｔ（高さ）のことだ。３Ｄテレビにおける視聴距離も３Ｈに準拠し、３Ｈより近すぎると３Ｄが正常に見られなくなり、遠すぎると３Ｄの効果がつきすぎてしまうと言われている。

そこで、３Ｄテレビにおける代表的な画面サイズをピックアップし、その具体的な視聴距離を割り出してみた。

3H の法則

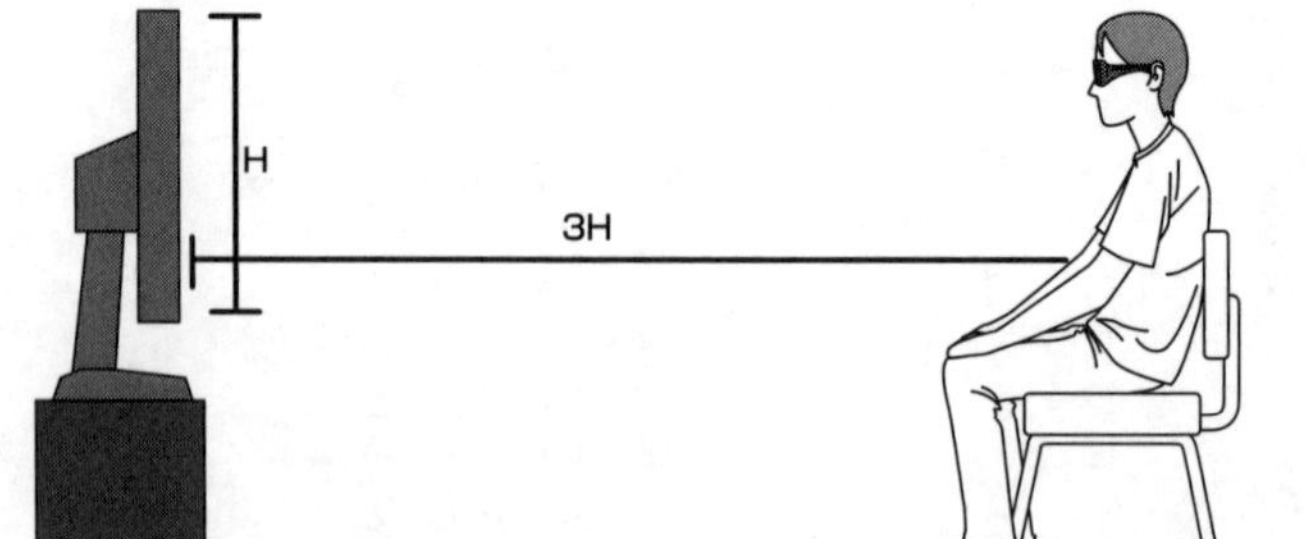

32インチ（画面の高さ39・9センチ）視聴距離119・7センチ
37インチ（画面の高さ46・1センチ）視聴距離138・3センチ
40インチ（画面の高さ49・8センチ）視聴距離149・4センチ
46インチ（画面の高さ57・3センチ）視聴距離171・9センチ
52インチ（画面の高さ64・7センチ）視聴距離194・1センチ
55インチ（画面の高さ68・5センチ）視聴距離205・5センチ
58インチ（画面の高さ72・2センチ）視聴距離216・6センチ
65インチ（画面の高さ80・9センチ）視聴距離242・7センチ

なお、本データはあくまでインチ数から割り出した数値である。実際の製品では同インチでも寸法が若干違っているため、視聴距離もそれに応じて異なってくる。大きな違いはないはずだが、あくまで目安として見ていただきたい。

代表的な6畳間の間取りは大体350×260センチ程度（江戸間の場合）なので、数値上では65インチモデルも設置可能だが、実際には家具や生活スペースを考慮すると、快適に使用できるインチ数はもっと小さくなる。あくまで目安ではあるが、6畳間なら42インチまで、8畳間なら55インチまで、10畳間なら58インチまで、12畳なら65インチも可能、といったところだ。

3Dテレビを購入する際には、まず設置場所となる部屋の寸法を事前に計測し、実際にどの程度の3Hを確保できるかをあらかじめ調べておくとよい。あとは計測した3Hと使える予算に応じて、できる限り大画面モデルを買っておけば、まず間違いないはずである。

3Dテレビって、なんでメガネがひとつしか付いてないの?

一般にテレビは家族で楽しむことが多い。特に大画面モデルが主流となっている3Dテレビでは、なおさら多人数で利用したくなるものだ。

しかし、現在の3Dテレビの大半はアクティブシャッター方式を採用しており、専用メガネなしでは3D映像を見られない。とはいえ、家族分の3Dメガネを別途用意するのは、結構な出費となってしまう。できれば最初から複数の専用メガネを付けておいてほしいと思うのが人情であろう。

しかし、こうしたユーザーの思いとは裏腹に、３Ｄテレビの新製品では専用メガネを同梱せずに別売りとする流れが出てきた。例えば、２０１１年３月に発売されたパナソニックの『ＶＩＥＲＡ　ＶＴ３シリーズ』をはじめ、ソニーについては２０１１年３月以降に発売された新モデルで専用メガネはすべて別売り扱いとなっている。

これはメーカーが３Ｄテレビの位置づけを「３Ｄ映像を見るためのテレビ」から「３Ｄ機能を搭載した高性能モデル」に変えてきたことを意味する。「３Ｄテレビ」というネーミングは３Ｄを強調するにはうってつけだが、３Ｄに興味がない人にとってはまったく意味をなさないし、また、ややもすれば３Ｄ映像しか見られないテレビという誤解を抱かせかねない。

しかし、３Ｄテレビというのは現在のテレビ製造技術の粋を集めたものなので、単に３Ｄ映像を楽しめるだけでなく、２Ｄ映像の表現力も非常に高い。そこでメーカーとしては「３Ｄ機能〝も〟搭載した高性能モデル」という風に、３Ｄテレビの扱いを変えてきたものと考えられる。

このような事情を考えると、専用メガネに関しては、今後は複数どころか最初からひとつも付いていないのが、むしろ当たり前になる可能性が高い。少々残念だが、これはある意味において合理的ではある。3Dメガネを付ければその分コストが高くなり、製品の価格もそれに応じて高くなってしまう。つまり、3Dメガネがなければ、その分価格も安くできる。専用メガネの価格帯はメーカーによって異なるが、それでも約5000〜1万円ほどする。無論、専用メガネがなくなったとしても3Dテレビの価格がその分まるまる安くなるわけではないが、ある程度反映されることは間違いないはずだ。

十分に3Dコンテンツがない＝メガネはいらない？

さらに、3Dテレビだけ買っても、3Dコンテンツがなければ3D映像を楽しめないという現実もある。テレビ放送で3D番組を流している局は2011年4月現在、BSとCS局程度で、しかも数も非常に限られている。地上デジタル放送の環境しかないユーザーは3D番組を見られないのだ。

こうなると、現実的に3D映像を楽しむには、テレビと同時にBlu-ray 3Dの視聴環境（すなわちＢｌｕ−ｒａｙ ３Ｄ対応のブルーレイ・ディスクプレーヤー）も揃える必要が出てくるが、実際にはテレビと同時に購入しない人も多い。となると、３Ｄテレビはあるのに３Ｄ映像は楽しめないことになり、結局は見るのは２Ｄ映像ばかりということになる。専用メガネはまったくの無駄となるのだ。

それならば、３Ｄはオプション扱いとして、あくまで「高性能テレビ」という位置づけとした方が、メーカーは自然な商品アピールができるし、消費者も高額を支払うことに納得しやすい。３Ｄテレビとしてではなく、あくまで２Ｄテレビの高画質モデルとして買い、あとで３Ｄに興味が出たり、またはブルーレイ・ディスクプレーヤーなどのＡＶ環境を揃えてから、専用メガネを購入して３Ｄ映像を楽しめばいいのだ。

専用メガネ別売に関しては、別の方面からも追い風が吹いている。それは、第3章でも触れた３Ｄメガネ共通規格「Ｍ−３ＤＩ」だ。２０１１年3月に策定された本規格は、３Ｄ映画や３Ｄテレビで使用されている専用メガネの規格を統一化して、３Ｄ映画や３Ｄテレビで使い回しができるようにしようというもの。現在は10社しかサポートを表明していないため普及にはしばらくかかると思われるが、もし本規格が普及すれば専用メガネの位置づけは大きく変わると予想される。

専用メガネという新たな製品ジャンルが誕生すれば、ヘッドホンやスピーカーなどのように、各メーカーから多彩な製品が登場するはずだ。女性向けのおしゃれなデザインや子供向け、メガネ使用者向け、さらにはヘッドマウントディスプレイとのハイブリッド製品など、多種多様な専用メガネが開発されていくことだろう。さらにメーカー間で専用メガネの開発競争が起これば、性能がアップした上に価格が安くなる可能性も高い。

専用メガネを付けないことで3Dテレビの価格を抑え、テレビはあくまで高画質モデルという位置づけで販売。ユーザーは3Dに興味が出た時点で専用メガネを買い足す――。今後発売される3Dテレビでは、こうしたスタイルが定着していくものと考えられる。さらにM-3DIが普及すれば、専用メガネも自由に選べるようになる。しかも共通規格のメガネならテレビを買い替えても引き続き利用可能なので、余計な出費がかさむこともないのだ。

３Ｄ製品って今買っても損しない？

これはある意味で究極の問いだろう。

３Ｄに限らず、新機軸の製品は買い時を見極めるのが非常に難しい。目新しさに釣られて買ってみたはいいものの、瞬く間に廃れてしまっては目も当てられない。パソコンやスマートフォン、ゲーム機などにおいても、過去には主流になれずに、ひっそりと消えていったハードや規格が沢山あるのだ。ＶＨＳに負けた「ベータ」、ブルーレイに負けた「ＨＤＤＶＤ」などはよく知られるところである。

そうした経緯を考えると、３Ｄテレビや3Ｄデジカメ、３Ｄビデオカメラといった３Ｄ製品についても、今後、どのような運命を辿っていくか気になることだろう。

しかし、３Ｄについては、大きな心配をする必要はないと思われる。３Ｄの未来は、決して暗くない。理由はふたつある。

まず3Ｄという機能は、デジタル家電において単一のハードで展開されているものではない。デジタル家電の主軸であるテレビを中心に、デジカメやビデオカメラ、携帯電話、ゲーム機など、複数のジャンルで製品展開が行なわれているのだ。これだけ多くの製品ジャンルで展開されている機能が、瞬時に消える可能性は非常に低い。

また、3Dは1社の企業が商品展開を行なっているわけではない。デジタル家電に関わる複数の大手企業が協調し、テレビやプレーヤー、デジタルカメラ、ビデオカメラなど、多様な製品ジャンルで3Dという機能を育てていこうとしているのだ。

多様な製品で3D機能の搭載が進められていくことで、何が起きうるか。それは、消費者の連鎖的な購入行動である。

例えば、3Dテレビを購入した者が自ら3Dコンテンツを作るために3Dデジカメを買い、あるいは3Dデジカメを購入した者が3D写真を見るために3Dテレビを買うといった連鎖的な購入行動を期待できるのだ。連鎖的な商品購入が望めるということは、一度人気に火がつけば、3Dハードは瞬く間に普及する可能性をも秘めていることであり、もしそうでないとしても、地道に売れ続けていく可能性が高い。

3D製品を買ってもいい根拠は？

例えば、デジタル写真の記録メディアとして用いられる「SDカード」も、異なるメーカー製のハードで相互利用できるという汎用性を武器に、シェアを大きく伸ばしてきた。ビデオカメラで撮影した動画をSDカードに記録して、SDスロット搭載のレコーダーで視聴したり、レコーダーで録画した動画をSDカードに保存して、SDスロット搭載の携帯電話で再生する、といった便利な使い方ができるのも、SDカードがメモリーカードのデファクトスタンダード（事実上の標準）として、多様な製品で採用されているからこそだ。

一度でも製品間の連携という便利さを経験した人であれば、次に買う製品もSDカード対応と考えるはず。複数の製品カテゴリーで採用されている規格には、こうした消費者の連鎖的な購買行動を期待できるのだ。

また、SDカードはメモリースティックとの規格争いがいまだに続いているが、現状ではメモリースティック陣営が実質的にソニーだけなのに対し、SDカード陣営にはパナソニックや東芝など多数のメーカーが参加している。はっきり言ってしまえば、メモリースティックはソニーが撤退すれば未来はないが、SDメモリーカードは参加メーカーが1社撤退したところで微塵も影響はないだろう。複数のメーカーが参加していることの安定感は計り知れないのだ。

若干の余談ではあるが、ＳＤカードは、松下電器産業（現・パナソニック）と東芝、サンディスクの共同開発規格として生まれたものだ。そして、そのパナソニックは過去にも「Ｂｌｕ－ｒａｙ対ＨＤ　ＤＶＤ」「ＤＶＤ対ＭＭＣＤ」「ＶＨＳ対ベータ」というビデオグラム規格の争いでも、常に勝ち組の陣営にいたという実績を持っている。つまりパナソニックは、国際標準規格の策定能力や、ある種の未来予見能力において、非常に信頼できる企業なのだ。

そしてＢｌｕ－ｒａｙ　３Ｄは、そのパナソニックが中心的役割を担って生み出された規格であり、普及のために万全の策を取っているに違いない。過去の事例を持って未来の成功を担保することはできないが、こうした事実を知ると３Ｄの将来性についてまた違った印象を持つのではないだろうか。

もちろん、今後の普及や将来性などは抜きにして、単純に現在における３Ｄハードの展開だけを切り取って考えてみてもよい。現在、リリース済みの３Ｄハードは、テレビやデジカメ、ビデオカメラ、携帯ゲーム機、携帯電話など多岐にわたる。つまり、現状でも十分に３Ｄを楽しむ環境が整備されているのだ。３Ｄビデオカメラで撮影した動画を３Ｄテレビで鑑賞したり、3Dデジカメで撮った写真を3Dテレビで見るといった3Dライフを満喫できる。もし3Dハードが単一の製品でしかなかったら、こうした連携的な楽しみ方はできなかっただろう。

鍵は3Dテレビの存在？

もうひとつ、3D製品を買っても問題がない理由として、「3Dテレビ」の存在が挙げられる。3D製品の中核たる3Dテレビが残っている限りは、他の3D製品も取りあえずは安泰である。しかし意地悪な見方をすれば、こうも言える。「もし3Dテレビが市場から消えたら、他の3D製品も運命を共にする可能性は高い」と。だが、テレビから3D機能がなくなってしまうことはまずないだろう。なぜなら、2Dテレビの性能を追求していくと、自ずと「3D対応のテレビ」になってしまうからだ。

またもおさらいだが、3Dテレビを作る上で、何よりも重視されるのが「画面の書き換え速度と画質」だ。3Dテレビでは左目用と右目用の画面を交互に表示し、シャッター付きの専用メガネで左右の映像を切り分けることで左右の目に異なる映像を見せ、立体的な映像を作り出している。通常のテレビの画面の書き換え速度は毎秒60枚だが、３Ｄテレビの場合は左右の目ごとに異なる映像が必要になるため、この2倍、つまり少なくとも毎秒１２０枚ほどの書き換え速度が求められるのだ。

また、画質についても、緻密な描画性能が求められる。３Ｄ映像では、左目と右目に異なる画像を見せ、これらを脳内で合成することにより、立体感を生み出している。ただし元になる左右の画像が粗いと、脳内での合成がうまくいかずに不自然な３Ｄになってしまう可能性があるのだ。このため、３Ｄテレビではフル HD 解像度のパネルを使用し、さらにコントラストを引き上げるなどして、パネルの描画性能自体も可能な限り引き上げている。

画面書き換えの速度向上と描画性能の底上げ。これらは３Ｄ映像の表示を実現するために行なってきたハードの改良だが、これは２Ｄ映像を表示する上でのクオリティーアップとまったく同じ手段である。要するに、従来の２Ｄテレビの品質を上げていけば、自ずと３Ｄ対応になってしまうということなのだ。

そのことは各メーカーのテレビのラインナップからも分かる。最高級のフラグシップ機には、必ずと言っていいほど３Ｄ機能が装備されている。３Ｄ機能なしのフラグシップモデルを探すほうが難しいくらいだ。メーカーとしては最高クラスの2Dテレビを作れば、大した手間もなく3D機能を付けられるのだから、「取りあえず対応しておこうか」ということになる。

2011年4月現在、3D機能が搭載されているのはフラグシップ機が中心ではあるが、今後技術が進めば、もっと手頃なエントリーモデルでも3D機能がごく普通に装備される可能性は少なくない。こうして3Dテレビの数が増えていけば、3Dデジカメや3Dビデオカメラといった関連商品もより活気を帯びてくるだろう。

買った3Dハードを絶対に無駄にしたくないなら？

3D機能が国際標準規格の「Blu-ray 3D」に基づいていて、複数メーカーが参画しているという安定感。加えて、3Dテレビのパネル技術が2Dテレビの延長線にあるという将来性。この二点から、今後3D製品が普及する可能性は決して低くなく、少なくとも急に市場から消えることはまずないと推察できる。

とはいえ、３Ｄ製品が急に姿を消してしまう可能性がまったく皆無であるとは断言できない。もし、万が一にも３Ｄ製品の主軸たる３Ｄテレビが終息するような事態になってしまったら、おそらく他の３Ｄ製品も運命を共にすることになるだろう。そうなれば、３Ｄビデオカメラで撮影した３Ｄ動画はいずれ見られなくなってしまうし、買い揃えたＢｌｕ－ｒａｙ ３Ｄのビデオディスク（ソフト）もやがては無用の長物と化してしまう。

３Ｄ製品を「絶対に失敗なく」買いたいのであれば、そうした可能性も考慮して、現在のハード展開だけでも十分に楽しめるかどうかを考えればいい。つまり、今後、メーカーの３Ｄ展開がどんなことになろうと、自分が買った３Ｄハードだけで完結できる３Ｄライフをシミュレーションしておく、ということだ。

例えば、３Ｄテレビと３Ｄ対応プレーヤーで現在リリースされているＢｌｕ－ｒａｙ ３Ｄのソフトだけ見られれば十分ならば、仮に３Ｄ放送がすべて打ち切られたとしても問題はない。あるいは３Ｄテレビと３Ｄビデオカメラを購入してわが子の成長記録を３Ｄ映像で鑑賞できさえすればいい、ということであれば、Ｂｌｕ－ｒａｙ ３Ｄのソフトが一切発売されなくなっても、手元にあるハード・機材が消失しない限り、痛くも痒くもないのだ。

第6章——3D映像の未来

他にはどんな3D表示があるの？

これまでの章で紹介してきた現在の3D映画や3Dテレビは、すべて同じ原理に基づいて立体的な映像を作り出している。その原理とは「両眼視差」による立体の認識だ。人の左目と右目は約6センチ離れているため、左右の目には角度の異なる映像が入り込む。これを専門用語で両眼視差といい、人は左右の目から入ったふたつの映像を頭の中で合成することで、奥行きや立体感を認識している。

そして現在の3Dハードは実現方法に違いはあれど、その仕組みは「左右の目に異なる映像を見せる」という両眼視差の原理に基づいている。専用メガネを用いる3D映画や3Dテレビをはじめ、裸眼で3D映像が見られる携帯電話や携帯ゲーム機も、両眼視差を利用している点において、同じ3D表示装置のカテゴリーに一括りできるものなのだ。

それでは両眼視差以外の3D表示システムには、一体どのようなものがあるのだろうか？その多くが開発中や業務用の製品のため、一般人が目にする機会は少ないが、これらは「3D映像の未来」そのもの。幼い頃に夢見たSF映画さながらの技術を、いくつか紹介しよう。

『フローティングビジョン FV-01』とは？

まずは、現在でも購入可能な一般向けの製品から紹介する。『フローティングビジョン FV-01』は2009年8月にパイオニアから発売されたパソコン用の外部ディスプレイだ。液晶パネルの映像を「3Dレンズ」と呼ばれる光学装置を用い、「浮遊映像」として手前の空間に映し出すことができる。ただし、本機の映像はあくまで2Dの浮遊映像であり、3Dテレビが映し出すような立体感を持つ3D映像ではない。「映像が表示された画面が板のように空中に浮かんでいる」ような雰囲気を想像すればよいだろう。

この浮遊映像を見るために視聴者が専用メガネを着用する必要はない。もちろん、顔を傾けても映像が崩壊することはない。ディスプレイ部に赤外線センサーを備えているので、「映像に触れようとすると異なる反応を返す」といったインタ

『フローティングビジョン FV-01』
パイオニアが発売した浮遊映像表示装置。ディスプレイに搭載された3Dレンズの効果により、2D映像が飛び出して見える。「両眼視差」を用いた立体視ではないため、目の疲れなどとは無縁だ。FV-01用のコンテンツを作るためのソフトも付属するため、見る楽しみだけでなく、映像を制作する楽しみも味わえる魅力的なデイスプレイだ。

URL：http://pioneer.jp/fv/fv_01/
※写真はイメージです。実際にはこの方向から映像は見えません。

ラクティブな演出を行なうことも可能だ。

映像を制作する立場からしても、本機で使用する映像は2D映像なので、両眼視差の映像のように「左目用」「右目用」と2種類の映像を用意する必要がないのは嬉しい。空中に浮かんだような雰囲気にするには、背景を黒にした映像を用意すればいいだけだ。

ただし、本機の位置づけはあくまでパソコン用の外部ディスプレイであるため、動作には別途パソコン（Windows もしくは Macintosh）が必要となる。残念ながらテレビとして利用することはできない。また、画面のインチ数が5・7インチ（縦115ミリ×横86ミリ）、解像度は640×480ピクセル（ハイビジョンテレビの約7分の1）なので、40インチオーバーが主流の現行の3Dテレビと比べるとかなり物足りないかもしれない。

本機の希望小売価格は税込4万9800円。この手のハードでは比較的入手しやすい価格帯なので、興味のある方はチェックしてみてはいかがだろうか。

『DFD方式』とは?

一般向けに製品化はされていない、開発中の3Dハードを紹介しよう。まずは、「DFD(Depth-Fused 3-D)」方式による3Dディスプレイだ。DFD方式とは、2枚の液晶パネルを一定の間隔を開けて配置し、それぞれの液晶パネルの明るさの違いから連続的な奥行き感を持った立体映像を表現するものだ。具体的には、手前のパネルでは近くにあるものを明るく表示し、奥のパネルでは遠くにあるものを明るく表示する。前後2枚のパネルで明るく表示する部分を変えることで奥行き感を表現し、これを見ると人の目には立体的な映像として認識されるという仕組みだ。

DFD方式の特徴は、まずなんと言っても専用メガネが不要なこと、さらに2D表示と3D表示で解像度が変わらない、2D表示と3D表示の切り替えが可能といった点が挙げられる。

ただし、DFD方式を採用した製品は2007年にNTTアイティから業務用として『SpaceIllusion』が発売されたほか、同社と日立ディスプレイズの共同開発で9型ワイドの裸眼式ディスプレイが公開された程度で、現段階で一般向けの製品は存在していない。また、距離感の違いを2枚のパネルの明るさで表現するという仕組み上、カメラで撮影した映像をそのまま利用することは難しい。このため、SpaceIllusionでは有料の2D-3D変換サービスを別途用意し、専用の映像データを作成するという手段を取っている。映像コンテンツ作成の敷居が下がらない限りは、一般向けの商品として展開するのは難しいだろう。

『体積型ディスプレイ』とは？

次に紹介する3D技術は、体積型ディスプレイと呼ばれる3D表示システムだ。本システムは3次元の座標を物理的に再現し、ひとつひとつの座標に光の点を表示させることで立体映像を作り出そうというものだ。

想像しにくいかもしれないが、まずは、できる限り細分化した透明なルービックキューブをイメージしてもらうと分かりやすい。普通のルービックキューブは3×3×3の小さな立方体で構成されているが、ここでは1000×1000×1000くらいの立方体を想像してみよう。この透明なルービックキューブのひとつひとつの立方体に光をつけることで物体の形を表現し、実像としての立体映像を作り出すような感じだ。

液晶やプラズマパネルで画像を表示する場合、ピクセル（Pixel）と呼ばれる色付きの点の組み合わせで映像を作り出している。例えばフルHDの解像度は1920×1080ピクセルだから、ピクセルの合計数は207万3600個になる。液晶テレビを間近で見ると細かい点が見えると思うが、実はテレビの映像はこうした点の集まりで構成されているのだ。

一方、体積型ディスプレイでは、ピクセルではなく「ボクセル」と呼ばれる単位を用いる。これは「ボリューム（Volume）」と「Pixel（ピクセル）」を組み合わせた造語であり、ボリュームが「体積」を意味するところから「体積を持つピクセル」という意味を持たせたものだ。

ボクセルを使って立体映像を作り出す場合、2Dディスプレイの画素数とは比較にならないほど、数多くのボクセル数が求められることになる。簡単に考えると、フルHD画質の体積型ディスプレイを実現しようとする場合、平面に加えて奥行きの映像が必要になる。奥行きを液晶パネルの重ね合わせで表現しようとすると1000枚以上が必要になってくるのだ。

もちろん、すべての液晶パネルは透過できるような仕組みにして、奥にあるパネルも見られるようにしなければならない。これだけでも体積型ディスプレイ実現の技術的なハードルがいかに高いか——ということが理解できるだろう。

実用化に成功した体積型ディスプレイってあるの？

しかしながら、実はすでに実用化に成功した体積型ディスプレイもある。米Ａｃｔｕａｌｉｔｙ Ｓｙｓｔｅｍｓ社の『Ｐｅｒｓｐｅｃｔａ』は、直径20インチの半球ガラス内に立体映像を表示することが可能だ。

本機の仕組みを説明すると、まず立体映像の元になる画像を中心軸から輪切りにした分割画像を用意する。本機の半球ガラス内には回転式の円形スクリーンが設置されており、さらにその下部には映像映写用の小型プロジェクターが用意されている。この円形スクリーンが1度回転するごとに分割画像を切り替えて表示し、その繰り返しで立体映像を作り出しているのだ。

もちろん、ゆっくりとしたスピードでは立体映像に見えないから、円形スクリーンは毎秒720回転もの速度で回転する。この回転に合わせて分割映像も切り替えなくてはならないため、スクリーンの回転とプロジェクターによる画像の映写タイミングの同期は、非常にシビアなものになってくるのだ。

うちわに絵を描いてグルグル回転させると立体的に見えるという遊びがあるが、Perspectaはこれを思い切り高度化したものと考えれば分かりやすいだろう。

本機の特徴は専用メガネを用いずに、360度どこからでも実像としての立体映像が見られるという点だ。上から覗き込んだり下から見上げてみることも可能で、SF映画や小説などを

Actuality Systems社の体積型ディスプレイ『Perspecta』

彷彿とさせる理想の３Ｄ表示装置と言える。

ただし、立体映像を作るには中心軸から輪切りにした画像を用意しなくてはならないため、コンテンツ制作のハードルは高い。こうした映像を実写で用意するのは困難であり、輪切り画像の作成にはコンピュータの計算でどのような形式でも画像出力が可能な３ＤＣＧに頼らなければならない。


この他にも体積型ディスプレイには、米ＬｉｇｈｔｓｃａｐｅＴｅｃｈｎｏｌｏｇｉｅｓ社が開発した『ＤｅｐｔｈＣｕｂｅ』というものもある。外観は昔のブラウン管ディスプレイを彷彿とさせるもので、１９・６インチの画面上に奥行きを持った立体映像を表示できる。専用メガネを用いる必要もない。

本機では立体映像の表示を、複数の液晶シャッターを用いることで実現している。液晶シャッターとは、自由に透過率を変更できる液晶の特性を活かした電子式シャッターである。液晶の透過率をゼロにすれば光を通さない。透過率を最大にすれば透明になる。こうした液晶の特性を活かして、シャッターとして動作させているのだ。

この液晶シャッターを20枚並べて置いて、本体奥にあるプロジェクターから被写体をスライスした分割画像を映写する。このとき、必ず液晶シャッターを1枚だけ閉じた状態にし、他の液晶シャッターは開いた状態にしておく。

この結果、開いた状態の液晶シャッターは透明なので、プロジェクターから映写された映像は閉じた状態の液晶シャッターにだけ映し出されることになる。つまり、本機では液晶シャッターをプロジェクターのスクリーン代わりに使用しているわけだ。20枚の液晶シャッターのオン・オフを切り替えて、さらに、それぞれの液晶シャッターにプロジェクターからスライスされた分割画像を映し出すことによって立体的な映像を作り出しているのだ。

無論、ゆっくりとした速度では立体映像には見

Lightscape Technologies 社製『DepthCube』のメカニズム

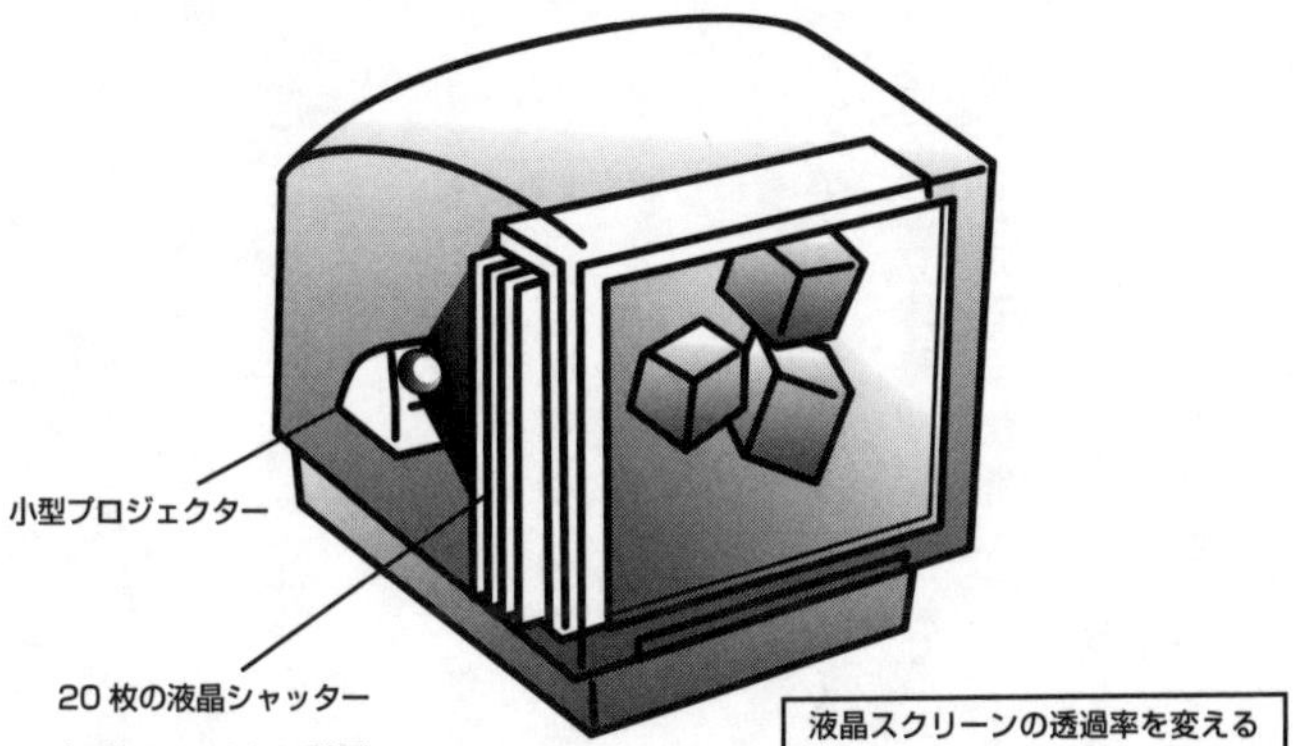
（スクリーンとして利用）
液晶スクリーンの透過率を変えることで、プロジェクターの映像を投影するスクリーンを切り替える

えないため、液晶シャッターの切り替えは毎秒１２００回もの速度で行なわれる。20枚の液晶シャッターが毎秒１２００回で動作するということは、液晶シャッター１枚につき毎秒60枚の映像を表示できるということだ。つまり立体映像としては、毎秒60枚の速度で描画されていることになる。これは現在の薄型テレビと同等の速度であるため、立体映像の動きは非常に滑らかであると考えられる。

ただし、奥行きは20枚の液晶シャッターで表現されるため、解像度で言えば20ピクセルしかないということになる。これでは粗くなってしまいそうだが、実際には独自の描画処理を組み入れることで、可能な限り自然な立体映像を作り出しているようだ。

本機の特徴は、専用メガネなしで実像としての立体映像を表示できるという点にある。ただし、あくまでモニター越しであるため、どの視点からも自由に立体映像を見られるわけではない。イメージ的には、ブラウン管に収まった箱庭を覗き見るという雰囲気だ。ただし、先述のＰｅｒｓｐｅｃｔａと同様、立体映像を作るには専用の画像を用意しなくてはならない。具体的には、被写体の手前から奥に向かってスライスした分割画像になる。やはり、こうした映像を実写で用意するのは困難であり、画像の作成にはコンピュータの計算でどのような形式でも画像出力が可能な3D CGに頼らなければならなくなる。

国内メーカーでも体積型ディスプレイは開発されているの？

ここまで紹介した体積型ディスプレイは日本人にはあまり馴染みのない海外の企業によるものだが、わが国を代表する電機メーカーであるソニーも、2010年に『RayModeler』と呼ばれる立体表示装置を発表している。本体の形状は円筒形で、360度どこからでも裸眼で立体映像を見ることができる。

詳しい仕組みは公開されていないが、プレスリリースによると発光素子にはLEDを用いているとのことだ。あくまで推測ではあるが、基本的な原理は先述のPerspectaに近いと考えられる。Perspectaが映像の表示にプロジェクターを使用していたのに対し、RayModelerではフルカラーのLEDによる画像投影を行ない、これを高速回転させながら画像を切り替えて表示することで立体映像を実現しているのだろう。

本機の特徴は、やはり専用メガネが不要なこと、さらに直径130ミリ×高さ270ミリと小型サイズのため卓上に置いて利用することも可能な点が挙げられる。ソニーによると主な用途としては、デジタルサイネージやイベント展示、医療立体画像の可視化、Webショッピング、仮想ペット、芸術鑑賞、立体図鑑、立体フォトフレーム、立体テレビ電話などを想定しているとのこと。こうした用途から考えるに、やはり通常の方法では立体映像を作成できないため、一般向けに展開するのは難しいということだろう。

また、ソニーのような家電メーカーではないが、2010年には独立行政法人情報通信研究機構（NICT）によって、テーブル型裸眼立体ディスプレイ『fVisiOn』が発表されている。本機は、NICTが研究を進める裸眼式立体ディスプレイ技術の試作機的位置づけの装置であり、なにもないテーブル上に高さ5センチほどの立体映像を表示することができる。複数の人間が同時に裸眼のまま立体映像を見ることができ、視認可能な範囲は装置の周囲120度ほどで、このエリア内でならテーブルを取り囲むようにして立体映像を眺めることが可能だ。

3D表示には、テーブル内部に円状に配置された96台のプロジェクターと、テーブル板直下に設置された特殊な光学素子を用いた円すい状スクリーンを使用する。光学素子のスクリーンに向かって96台のプロジェクターから映像を同時に投影すると、光学素子の特性によりテーブル板の半透明部分を通過して立体映像が浮かび上がる。

本機の特徴は、立体映像が投影されるテーブル上にはディスプレイやプロジェクターといった装置が一切なく、テーブル面はフラットなままという点。テーブル自体を本来意図する目的で利用することが可能なので、立体映像を表示させながら会話や作業を行なうことができる。主な用途としてはテーブルを取り囲むシーン、例えば、打ち合わせや会議、都市設計や交通整理など俯瞰する場面が多い地図を用いた作業などを想定している。またＮＩＣＴによると、将来的に装置の大型化ができれば、競技場のフィールドを立体化した上で、周囲の観客席からの観戦も可能になるという。

３Ｄは映像の完成形と言えるの？

３Ｄという映像表現が実現したことで、一段落ついたように思われるデジタル家電業界だが、実はすでに次を見据えた動きは始まっている。３Ｄの次というと、さらに進化した立体映像や触れる映像、果ては匂い付きの映像などと思ってしまうかもしれないが、実際にはもっと堅実な方向である。

それは「4K2K」と呼ばれる、フルHDを超えるさらなる高解像度を目指したものだ。4K2Kの「K」は千単位を意味し、すなわち4000×2000ピクセルの高解像度ということになる。フルHDが1920×1080ピクセルだから、4K2Kでは約4倍もの解像度が表現できるということだ。

実を言えば、すでに家電業界では4K2K関連の製品が次々と発表されている。例えば、東芝から2010年12月に発売された裸眼式3Dテレビ『グラスレス3Dレグザ 20GL1』は、フルHDの約4倍の約829万画素を持つ液晶パネルを搭載している。8視点の立体視に対応するため、それぞれの視点ごとに解像度を分けなければならず、最終的に目に届く3D映像の解像度は1280×720ピクセル、つまり約92万画素程度になってしまうが、液晶パネル自体は4K2K級の性能を持っているのだ。

さらに東芝では2011年1月に4K2Kの56インチ『グラスレス3Dレグザ』のプロトタイプを公開し、同年度中に40インチ以上のモデルをリリースすると発表した。しかも、

20GL1が3D表示しか対応していなかったのに対し、新モデルでは2D・3Dの切り替え表示に対応する。つまり、4K2Kの画面パネルを活かした2D映像も楽しめるようになるのだ。

パナソニックやソニーも4K2Kの試作機を公開しており、東芝の4K2Kグラスレス3Dレグザが発売されれば、時流に乗り遅れまいとして一気に各メーカーが追随する可能性も出てくる。ただし、4K2Kが真の意味で普及するにはまだ問題が多い。それは映像制作の現場において、4K2Kに対応した撮影機材を用意するのが難しいという事情があるためだ。

なんと言っても、映像制作会社では地上デジタル放送やブルーレイビデオ規格に合わせるため、フルHDの撮影機材を揃えたばかりである。しかも、現在は3D映像というニーズもあり、こちらにもどうにか対応しようと模索している最中だ。家電業界がいくらテレビの4K2K化を押し進めようと、映像コンテンツを供給する映像制作会社が対応できなければ意味がない。

４Ｋ２Ｋテレビと３Ｄの密接な関係って？

しかし、それでも４Ｋ２Ｋテレビが近いうちに各メーカーから発売される可能性は高いと予想される。東芝が２０１１年度中に投入する新モデルのグラスレス３Ｄレグザもそうだが、４Ｋ２Ｋは裸眼３Ｄを実現する上で非常に重要な要素となるからだ。

３Ｄテレビの各種アンケートで、３Ｄテレビを買わない理由の上位にあるのが「裸眼で見られないから」という意見だ。現在は、専用メガネを使用する３Ｄテレビのほうが、フルＨＤ画質のまま３Ｄ表示できるという点で裸眼３Ｄより優っている。しかし、４Ｋ２Ｋのパネルを採用した３Ｄテレビが登場してくれれば、こうした画質のビハインドもある程度解消されると考えられるのだ。

通常、裸眼３Ｄでは、画面の半分を左目用に、もう半分を右目用の画像に割り当てている。この左右の画像を、画面表面に貼った凸レンズやスリットなどを用いて、左目と右目に送り込む。つまり、フルＨＤパネルを使った場合、立体映像の解像度は2分の1になってしまう。

しかも裸眼3Dの場合は、立体視可能な視点が固定され、自由に頭を動かすことができない。立体表示可能な視点数を増やせば、この問題はある程度解消されるが、その場合、視点ごとに左右の映像を別途用意しなくてはならず、応じて3D映像の解像度も減ってしまうことになる。先述の東芝製グラスレス3Dレグザがパネル解像度自体はフルHDの4倍もあるのに、実際の立体映像が1280×720ピクセルになってしまうのも同様の理由である。

それでも、裸眼3Dを実現する場合において、フルHDパネルより4K2Kパネルの方がより大きな解像度の立体映像を実現できる点は確かだ。消費者のニーズとして〝専用メガネなしの3D映像〟がある限り、メーカーはそれに見合った製品を投入するはずである。

つまり、4K2Kのテレビは裸眼3Dテレビのニーズがあるからこそ、ここまで急速に市場に投入されようとしているのだ。単に4K2Kテレビという特徴だけでは、4K2Kの映像コンテンツがほぼ皆無な現在において、画質を重視する一部のAVマニア層にしかアピールできない。しかし、裸眼3Dという機能を実現するための4K2Kテレビということであれば、消費者の納得も得られようというものだ。

また、4K2Kテレビに映像処理エンジンを搭載すれば、フルHD画質の2D映像をアップコンバート（※10）して、フルHD以上の映像クオリティーを実現することも可能だ。もちろん最初から4K2Kで作った映像に比べれば画質は落ちるが、それでもフルHDテレビでフルHD映像を見るよりは質感は確実に上がるはずである。

「裸眼3Dを目当てに買ったものの、2D画質も良かった」。そんな反応をユーザーから得られれば、メーカーとしてはしめたもの。テレビの4K2K化を密かに進めるには、これ以上ない方策と言えよう。

とはいえ、真の意味で4K2Kテレビが普及するのはまだ先のことだ。少なくともテレビ放送と、その膨大な容量の映像データが収録できるだけのソフトが4K2Kに対応しない限りは、4K2Kテレビの真価は発揮されることはない。

日本でフルHD画質の地上デジタル放送が始まったのが2003年12月で、地上アナロ

※10　アップコンバート

低解像度の映像を引き伸ばして高解像度化すること。ただし、単に引き伸ばしただけでは画質の劣化が起きるため、デジタル処理を施して画質をできる限り維持したまま変換を行なう。なお、単純に映像を引き伸ばす処理のことを「アップスケーリング」と呼び、アップコンバートと区別する場合もある。

グテレビ放送から完全移行するのが2011年7月。つまりテレビ放送のフルHD化は、約7年もの期間をかけて行なわれたということだ。4K2Kについても、おそらくはこれと同様の期間がかかることは間違いない。断言はできないが4K2Kテレビが広く普及するのは、少なくとも2016年以降になるだろう。

2010年は3Dテレビブームだった?

3D製品は果たしてブームなのか。そのことを考えるには、やはり具体的な数字が必要だ。第1章でも述べたが、JEITA(電子情報技術産業協会)発行の『3D対応機器の国内出荷実績について』によると、薄型テレビ全体における3Dテレビ出荷台数の構成比は、2010年4~9月で1・3パーセント、2010年10~12月で3・8パーセント、調査期間全体では2・6パーセントとなっている。一方、ブルーレイ・ディスクレコーダーとプレーヤー全体の構成比における3D対応製品の出荷台数の割合は、2010年4~12月で20・8パーセントだ。

ブルーレイ・ディスクレコーダーとプレーヤーについては3D対応と非対応製品の価格

差があまりないため、約2割のシェア獲得に成功しているものの、肝心のテレビは直近でも3・8パーセントという低いシェアに留まっている。この結果だけ見ると、3D苦戦と受け取れなくもない。

しかし、3Dテレビの出荷台数の構成比は調査期間全体で2・6パーセントだが、2010年4〜9月の1・3パーセントから同年10〜12月の3・8パーセントという、約3倍の伸びは無視できない。

また、調査対象の薄型テレビを37インチ以上に限定した場合には、3Dテレビの構成比は10パーセントを超える。3Dテレビの主軸は、なんと言っても大画面モデルである。各社が3Dテレビで最も心血を注いでいるのは40インチ以上の製品なのだ。しかも、こうした大画面モデルは価格が高く、客も易々とは買ってはくれない、いわば〝テレビの激戦区〟である。当然、客が製品を見る目も厳しい。大画面テレビのカテゴリーで、3Dテレビという新製品が約1割のシェアを獲得したのは、むしろ健闘したと言ってもよいだろう。

２０１０年、３Ｄに吹いた追い風って？

「アバター」に代表される３Ｄ映画のヒットや３Ｄテレビの華々しいデビューなど、確かに２０１０年は３Ｄブームと言えるだけの成果を残した。しかしながら、これをもって３Ｄテレビが認められた結果と考えるのはやや早計であろう。と言うのも、２０１０年には３Ｄテレビにとっての幸運な追い風もあったからだ。

まずはなんと言っても、家電エコポイントである。２０１０年の秋には、同年12月１日からのエコポイント半減を前に、今のうちに買っておこうという駆け込み需要が発生した。家電量販店には製品を求めて多くの客が殺到し、エコポイント対象製品は次々と在庫切れとなっていた。この駆け込み需要の恩恵を３Ｄテレビも大いに享受したことはまず間違いないのだ。

さらに家電メーカーが２０１０年の年末商戦に合わせて、３Ｄテレビのラインナップを一気に揃えてきたという事情もある。家電量販店を訪れた客は豊富で華やかな３Ｄテレビのラインナップを目にすることで３Ｄブームを実感し、購入を決意するに至ったという可能性も高いのだ。

2010年の年末商戦は、2010年4月にパナソニックから世界初のフルHDプラズマ3Dテレビ『VIERA VT2シリーズ』が発売されてから約8ヵ月後のタイミングだ。この間に各メーカーからは多彩な3Dテレビがリリースされ、3Dテレビのラインナップも豊富になった。こうした動きを受け、家電量販店では専用の展示コーナーを設置。年末商戦での3Dテレビの販売に向けた準備を行なっていたのだ。

3Dテレビが登場してから半年余り、振り返れば2010年の年末商戦の時期こそが3Dテレビにとって初めて訪れた販売拡充の好機だった。3Dテレビ本来の魅力に加えて、家電エコポイントやラインナップの充実という好条件が加わったからこそ、右肩上がりのシェア上昇を維持できたと考えられるのだ。

これからの3Dテレビ市場はどうなる?

しかし、2011年以降はエコポイントや2010年ほどのラインナップの充実、といった外部的要因の後押しは期待できない。まさに3Dテレビの真価が問われる年だ。地上デジタル放送への完全移行が実施される2011年7月に駆け込み需要が発生する可能性こそあるものの、すでにデジタルテレビへの移行がある程度進んだ今、2010年11月頃（家電エコポイント半減直前）のような大規模なものになる見込みは少ない。

2010年のような好条件がない以上、2011年は3Dがブームとして扱われる可能性は低い。2011年4月現在、マスコミも3Dをことさら大きく扱うことはなくなってきており、多くの人は3Dを目新しいものとは感じなくなっている。家電量販店に行けば、普通に置いてある商品のひとつという捉え方をするようになった。「3Dテレビだから欲しい」と考える、3Dテレビに肯定的な層の大部分はすでに2010年の年末商戦までに購入を済ませている可能性が高く、今後の鍵を握っているのは、まだ3Dテレビを買っていない、3Dテレビに対して中立もしくは否定的な層なのだ。3Dに無関心な人に3Dを売り込んでも興味は持ってもらえない。家電メーカーでは、こうした中立層へ3Dテレビを売り込むためには従来とは異なる手法を取る必要が出てくる。そこで考えられるのが、今後は3Dテレビとしてではなく「3Dも見られる高画質テレビ」として宣伝することである。

本書では便宜上「3Dテレビ」という呼称を用いているが、正しく言えば3Dテレビとは「3D表示機能搭載の高性能テレビ」である。つまり、3D映像を表示できる機能も備えた2Dテレビということだ。しかし3Dテレビ登場時には、家電メーカーは3D機能を大きくアピールするため「3Dテレビ」というネーミングを用い、マスコミや評論家もそれに追随した結果、3Dテレビという呼び名が広く定着したのだ。

確かに3Dテレビというネーミングは分かりやすく、一般層にも製品の特徴が理解しやすい。この名称は3Dテレビ発売後しばらくの間はプロモーションの有効手となり得たが、3Dテレビに肯定的な層への販売活動が一段落してしまえば、かえって足かせとなる可能性が高い。

各種アンケート調査を見ると「3Dテレビを購入したいか?」という問いに対して、肯定派と否定派の割合は半々もしくは否定派のほうが若干上回るケースがよく見受けられる。つまり、3Dテレビを積極的に買いたいと思う人がいる反面、同じくらいの割合で3Dテレビという理由で購入候補から外してしまう人が存在しているのだ。

それならばいっそのこと、家電メーカーは3D機能を排して2Dテレビのみに注力すればいいと考えるかもしれないが、そうもいかない事情がある。

ひとつめの理由は、そうは言っても3D機能に魅力を感じるユーザーが無視できない割合で存在していることである。3D機能をなくしてしまっては、ユーザーの購入動機をメーカー自らが潰してしまうことになり、せっかくの販売機会を失ってしまう。

また、3D映像コンテンツの数も2011年4月現在はまだまだ少ないが、2010〜2011年にかけて3D映画の公開本数が急増したことにより、今後はこれらのBlu−ray 3Dソフトが続々とリリースされていくはずだ。そうなれば、3Dテレビのニーズも、それに応じて徐々に高まっていく可能性がある。

そして、もうひとつの理由は、「家電メーカーにとって3Dテレビは比較的作りやすい」という点だ。

3Dテレビは画面パネルの描画性能を最高水準まで引き上げており、3D映像を楽しめるだけでなく、従来のテレビと比べると2D映像の画質もアップしている。つまり、3D映像を実現させると高水準の2Dテレビができるのだ。むしろ、2Dテレビの性能を引き上げていくと、自ずと3Dテレビになると言ったほうが良いかもしれない。3Dテレビは従来のテレビ技術の延長線上にあるため生産時の歩留まりも悪くなく、メーカーとしてはよほどの事情がない限り、作らない手はないのだ。

3Dに興味がある人もない人も共に満足できる薄型テレビ。今後3Dテレビでは、こうした異なるターゲット層を満遍なく取り込むために、3Dの存在感を抑えて黒子に徹しさせる必要が出てくる。その結果、3Dテレビはいかなるものに変化するのか。それは先述した「3Dも見られる高性能テレビ」である。いわば、3Dテレビから3D機能への再定義である。

「3Dテレビ」はなくなる？

3Dへの興味の有無にかかわらず、いかなるユーザーにも対応できるテレビとは、すなわち3D表示にも対応した高性能テレビである。とは言っても、今までの3Dテレビと中身に違いはない。単に3Dテレビという製品の定義が変わるだけだ。つまり、製品の定義を、従来の「3D映像を楽しむための3Dテレビ」から「3D表示もサポートした高性能テレビ」へと変えるのである。

　製品の位置づけは、あくまでも高性能な薄型テレビとしておき、3D表示は機能のひとつという扱いにすれば、3Dに興味がない人でも抵抗を感じることなく購入することができる。もちろん3Dに興味がある人は、3D機能を目当てにテレビを購入すればよい。

　せっかく買ったテレビに使用しない機能があるのはもったいないと思われるかもしれないが、家電に使わない機能があったとしても、多くの人はさほど気にしないものだ。誰しもまったく使ってない機能や、そもそも存在すら知らない機能のひとつやふたつはあるはずである。例えば、2ヵ国語の切り替えや電子メールを利用した録画機能、リモコンのdボタンで表示される地デジ番組のデータ放送等々、興味がなければまったく利用することはないだろう。

　そもそも3Dに興味がない人は、他の特徴、例えば画質や録画機能などを重視してテレビを購入する可能性が高く、3D機能についてはそもそも空気のような扱いなのだ。ともすれば、自分のテレビに3D機能があることすら知らないという可能性さえある。

実際すでにいくつかのメーカーでは、３Ｄ表示を機能として扱う兆しが現れ始めている。例えば、２０１１年になって製品紹介サイトやカタログなどで、３Ｄテレビをパナソニックでは「３Ｄ搭載モデル」、ソニーでは「高画質モデル（３Ｄ）」と呼称するようになっており、「３Ｄテレビ」という呼び方をしなくなっている。しかも、ソニーでは新モデルの３Ｄテレビ全機種で専用メガネを別売にし、パナソニックでも新モデルの大半で専用メガネを別売扱いにしている。

今後、こうした動きが進めば、「３Ｄ表示は機能のひとつ」という意識が高まり、一般人にとっては３Ｄテレビというよりも、高性能テレビという意識が高まっていくことになる。しかも専用メガネが付いていない分、価格も幾分か

最新のパネルを搭載したパナソニックの旗艦モデル『TH-P50VT3』
2D と 3D 共に最高画質を追求し、2011 年 3 月に登場。

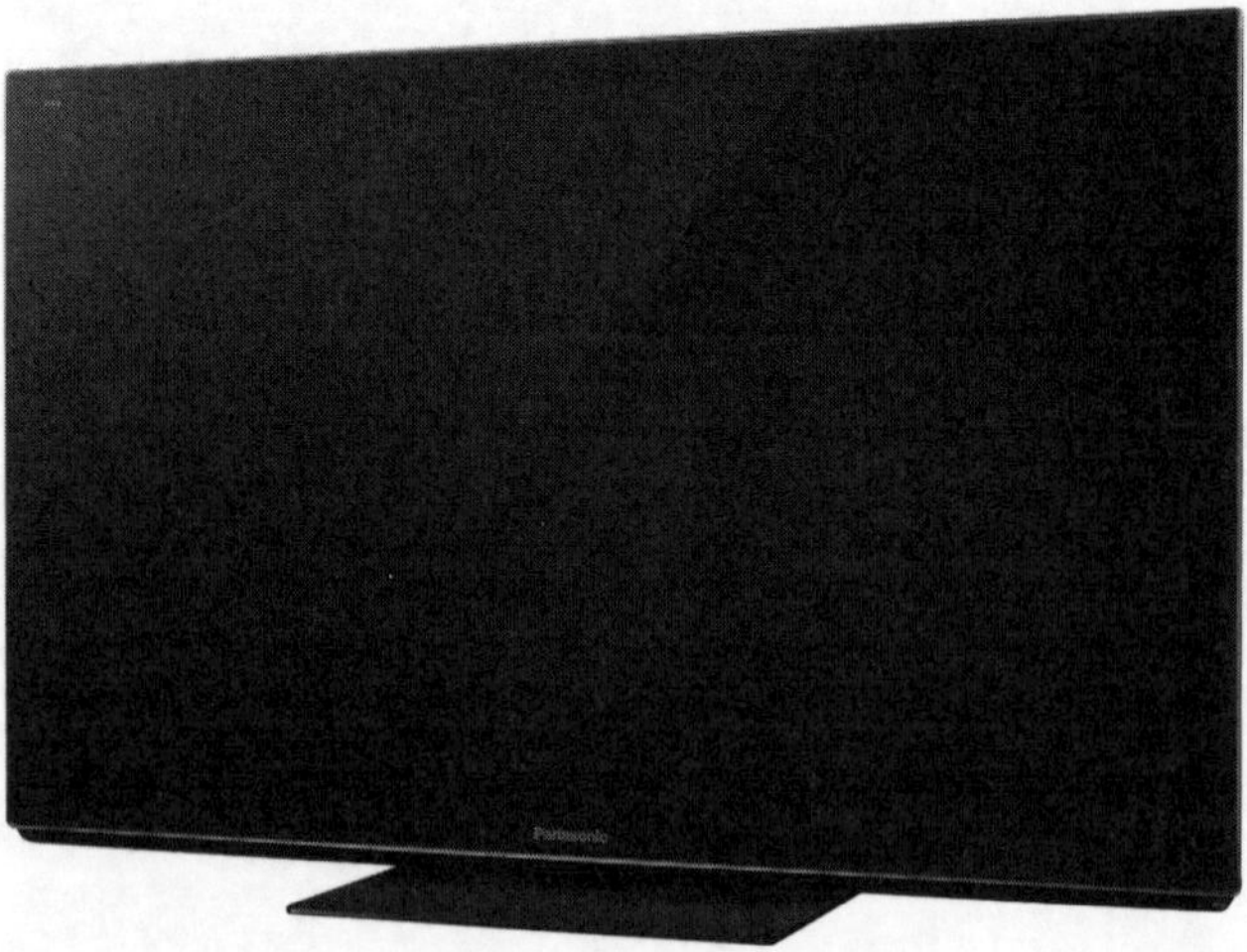

お手頃になる。3D機能はいつか使ってみたくなったら専用メガネを買って楽しめばいいという、「将来の保険」的な意味合いが強くなるのだ。

考えてみれば、3Dコンテンツ不足という現状がある以上、専用メガネを別売にして3Dテレビを高性能テレビとして売り出すのは理にかなった方法である。あくまで3Dテレビという前提で買った場合、ユーザーはすぐにでも3D映像を楽しみたいはずだ。しかし、2011年4月現在、3Dテレビ放送はごく一部の局でしか見られず、かと言ってBlu－ray 3Dを見るには3D対応プレーヤー等を別途揃えなくてはならず、余計な出費を求められる。せっかく3Dテレビを買ったのに、結局ろくに3D映像が見られなかったとなれば3D自体に対するイメージが悪くなりかねない。

しかし、最初から3D表示を機能のひとつとして扱えば、こうした問題をある程度回避できる。店で販売する際も、客に対しては「今後、3Dテレビ放送が増えたときやBlu－ray 3Dが見たくなったときでも、最初から3D機能があるテレビなら買い替えなくても済みますよ」と説明できる。しかも専用メガネが別売な分、本体の価格もお得感がある。それならば客としても3D機能付きのテレビを取りあえず選ぼうかという気になるはずだ。

家電メーカーの狙いは？

今後、家電メーカーによって3D表示の機能化が進められた場合、フラグシップモデルだけでなく安価なエントリーモデルでも3D機能が搭載されるようになる可能性が高い。元々3D表示用の画面パネルは、2Dテレビ用のそれと構造が大きく異なるものではない。3Dを表示させるために画面パネルの描画性能を大幅に向上させた、いわば高性能な画面パネルに過ぎないのである。そのため、この画面パネルを大量生産できる体制さえ整えば製造コストが下がり、多くのテレビに3D機能が標準搭載されるようになっても不思議はない。

例えば、少し前までは倍速液晶（※11）のテレビは非常に高価で一部のフラグシップモデルのみの対応となっていたが、2011年4月現在、倍速液晶はスタンダードモデルで

※11　倍速液晶
液晶パネルの画面書き換え速度を上げることで、残像感のない滑らかな映像表示を実現させる技術。従来の液晶パネルは画面の書き換え速度が遅かったため、動きの速い映像だと残像が発生してブレて見えるという現象が起きていた。こうした残像を低減させるために開発されたのが倍速液晶パネルで、通常の液晶パネルが秒間60枚で画面書き換えを行なっていたところを、倍速液晶ではその2倍、つまり秒間120枚の書き換え速度を実現している。

もごく当たり前に備えられるようになっている。これも倍速液晶の画面パネルが大量生産され製造コストが下がったことで、安価なスタンダードモデルでも利用できるようになったためだ。

あらゆるテレビで3D表示が可能になればユーザーとしては大歓迎だが、3D表示を機能扱いするだけならともかく、標準搭載することに家電メーカーとしていかなるメリットがあるのだろう。家電メーカーにとってはテレビの売上こそが何よりも重要だが、3D機能をテレビに標準搭載させることは、実は違った意味での旨みがあるのだ。それは3D機能を標準機能化して広く普及させることにより、テレビ以外の3D製品——3Dブルーレイ・ディスクプレーヤーやレコーダー、3Dビデオカメラなどのニーズを喚起できるのである。

もちろん、3D機能の標準搭載化を進めることができたとしても、実際にユーザーに活用してもらえなければ、3D製品拡販のチャンスは訪れない。3Dビジネス成功のためには、3D表示の標準機能化と同時に、より多くの人に3Dを楽しんでもらう環境を整える必要があるのだ。そのためには、やはり3D映像コンテンツの充実が急務となる。

本来であれば3Dテレビ放送こそが、その役目を負うべきであり、家電メーカーとしても早急に整備してもらいたい「3Dインフラ」のひとつだろうが、3Dテレビ放送の普及にはまだまだ課題が多い。おそらく2～3年内は民放キー局で3D番組が定期的に放送されることはないだろう。

3D映画の人気は続く?

先述したように3D機能が広く一般に普及するためには、ユーザーが3D表示を実際に楽しむための手段、すなわち豊富な3D映像コンテンツが欠かせない。そこで重要になってくるのが3D映画の趨勢だ。

DVDやブルーレイ・ディスクと同様に、劇場公開された3D映画はしばらく後にBlu-ray 3Dのソフトとしてリリースされる。つまり、毎年一定数の3D映画が公開されるようになれば、結果として3D映像コンテンツとしてBlu-ray 3Dのソフトが多く出回ることになり、こうした3D映像を楽しみたいと考えるユーザーも増え、3D機能への需要も自ずと高まっていくはずだ。

日本映画製作者連盟によると、2010年12月末時点で全国のスクリーン数は3412

であり、うち3D対応は763。2009年頃には3D対応スクリーンが300程度しかなかったことを考えると、全国の劇場が急速に3D化を進めていったことが分かる。2011年4月現在も3D対応スクリーン数は増加傾向にあるので、同年中に1000を超える可能性は高い。これが実現すれば、全国のスクリーンの3分の1ほどが3D対応になるということだ。3D映画を観られる環境は着実に増えてきていると言ってよいだろう。

また、同連盟が発表した2010年度の洋画興行ランキングを見ると、TOP5までが3D作品で独占されている。1位は「アバター」で興行収入は156億円、2位は「アリス・イン・ワンダーランド」で興行収入は118億円、3位は「トイ・ストーリー3」で興行収入は108億円と、いずれも100億円超の興行収入を記録している。4位の「カールじいさんの空飛ぶ家」と5位の「バイオハザードⅣ　アフターライフ」の興行収入は50億円前後とやや落ちるが、それでも好成績であることは間違いない。

こうした流れを受け、2011年はさらに多くの3D映画が公開される。しかも、「パイレーツ・オブ・カリビアン／生命の泉」や「ハリーポッターと死の秘宝PART2」、「ナルニア国物語／第3章：アスラン王と魔法の島」、「トランスフォーマー／ダークサイド・ムーン」といった人気シリーズの続編がラインナップされているため、2011年度における3D映画の興行的成功は約束されていると言ってよさそうだ。

3Dの〝ブーム〟は終わったが？

2011年になっても3Dに関わる業界の動きは依然として活発だ。同年4月現在、3Dテレビは数多くのモデルがリリースされており、3D映画も多数の作品が公開されている。さらに、ブルーレイ・ディスクプレーヤーやレコーダー、デジタルカメラ、ビデオカメラなど3D対応機器も増加傾向にある。

しかし、業界の動きが活気に満ちている反面、多くの人が3Dブームの熱気を以前ほど感じなくなっていることも確かだ。以前のように雑誌やテレビなどで3Dが取り上げられることも少なくなり、3D映画もジェームズ・キャメロン監督の「アバター」以降、同作品ほどのインパクトと話題性を兼ね備えた作品は現れていない。それは「アバター」の世界興行収入記録を超える作品が、いまだにないことからも明らかだ。

こうした状況を踏まえると、2009年末に公開された「アバター」に端を発する3D〝ブーム〟は、ようやく幕を閉じようとしているのだ、と考えられる。そもそも、2011

年4月現在で「アバター」公開から1年以上の時が経過しているのだ。一過性が宿命づけられたブームにしては、案外長続きしたほうではないだろうか。

しかし、ブームの終焉が直ちに終わりを意味するわけではない。ひとつのブームが終わった場合、その後の運命はふた通りに分かれる。ひとつは純然たる終息、そしてもうひとつは普及である。

3Dブームの終焉をもって3Dも消えると考える人もいるだろう。しかし、その一方で3Dにはもうひとつの道も残されている。それは、映像エンタテインメントとしての普及である。

今後も多数の3D映画を製作・公開する腹づもりの映画業界が、3Dに賭ける意気込みは相当のものだ。一方、家電メーカーも3Dテレビを中心に多数の3D製品をリリースする予定であり、さらに3Dテレビを3D機能付きの高性能テレビとして再定義しようという動きも見られる。

この先3Dが普及するか否かは断言できないが、少なくとも映画業界と家電業界が、共に3Dという映像表現を広く一般に普及させようとしていることだけは確かだ。映画スタジオも家電メーカーも3Dのベンダーとして、3D普及に向けて八方手は尽くした。これが2011年4月現在の3D産業を見渡した上での率直な所感である。

すでに3Dという名の種は蒔かれた。しかし、その種が芽吹き、育ち、花を咲かせるには、水や肥料、陽の光といった助けが必要となる。種は種だけでは育つことはできない。3Dが普及する上で助けとなるのは、もちろん3Dサービスの受け手となるコンシューマー(消費者)である。

2010年に端を発した3Dブームが去り、ベンダーが目指す次なるステージ、すなわち普及段階へと進めるか否かはついに消費者の手に委ねられたのだ。もちろん正確な判断を下すためには、3D映画や3D製品を身近に体験できる環境がなければならない。しかし、それらは3Dブームを通じて十二分に整えられている。

何気なく劇場に行って3D映画が公開されていることも珍しいことではなくなり、テレビを買おうと家電量販店に足を運べば3Dテレビも当然のように置いてある。携帯電話やビデオカメラにも3D対応のものがラインナップされるようになった。携帯ゲーム機ではニンテンドー3DSのように、3D機能を売りにしたハードも出てきた。少なくとも「3

Dが生活に入り込んできた」ことは確かだ。

これは3Dを積極的に体験しようとする人にとっては福音となるが、反面、3Dに中立的な人には難しい状況と言える。3Dブームに対して一歩距離を置いた立場を貫いてきたとしても、今後、3Dとのタッチポイントは否応なく増えてくる。映画を観に行ったり、家電やゲームなどを買おうとすれば、3Dの有無を考慮に入れなくてはならず、いずれは3Dに対する自らのスタンスを明確にさせる必要が出てくる。

しかし、3Dに関する知識が欠如していると、そうした判断をうやむやの中で下してしまいかねない。本来であれば、自分の生活と娯楽に3Dがプラスに作用するかどうか見極めた上で、3Dの取捨選択は行なわれるべきなのだ。消費者視点による正しい判断の積み重ねによって3Dの取捨選択が行なわれることこそが、ブームを脱却した3Dに求められているのである。

普及か、それとも一過性の流行で終わるのか。2011年以降は3Dにとって、まさに真価を問われることになるはずだ。その命運を握っているのは、3Dに関する十分な知識を蓄えた読者のあなた自身である。

【参考文献】

「インサイド・ドキュメント「3D世界規格を作れ！」」本田雅一／小学館、2010年
「カラー図解でわかる 大画面・薄型ディスプレイの疑問100 液晶・プラズマ・有機EL・電子ペーパーはなにが違うのか？（サイエンス・アイ新書）」西久保靖彦／ソフトバンククリエイティブ、2009年
「図解 次世代ディスプレイがわかる（知りたい！テクノロジー）」西川善司／技術評論社、2008年
「図解入門よくわかる最新ディスプレイ技術の基本と仕組み―薄型ディスプレイの原理が一気に読める！（How-nual Visual Guide Book）」西久保靖彦／秀和システム、2009年
「3D映像制作―スクリプトからスクリーンまで、立体デジタルシネマの作り方―」Bernard Mendiburu／ボーンデジタル、2009年
「3D時代の薄型ディスプレイ高画質技術―液晶・プラズマ・有機ELの技術革新（電子機器基本技術シリーズ）」村瀬孝矢／誠文堂新光社、2010年
「3Dの時代」深野暁雄、渡辺昌宏／岩波書店、2010年

「3D立体映像がやってくる―テレビ・映画の3D普及はこうなる！―」石川憲二／オーム社、2010年
「3D立体映像表現の基礎―基本原理から制作技術まで―」河合隆史、盛川浩志、太田啓路、阿部信明／オーム社、2010年
「パナソニックの3D大戦略」麻倉怜士／日経BP社、2010年

【取材協力】

株式会社キュー・テック
パナソニック株式会社

【写真提供】

シャープ株式会社
パイオニア株式会社
ブルーレイディスクアソシエーション
株式会社マーユ

キネ旬総研エンタメ叢書
3Dは本当に「買い」なのか
2011年6月3日　初版第1刷発行

著　者	キネマ旬報映画総合研究所
発行人	小林 光
編集人	青木眞弥
編　集	稲田豊史、西崎尚吾
編集協力	篠原義夫
	株式会社ウォーターマーク
発行所	株式会社キネマ旬報社
〒107-8563	東京都港区赤坂4-9-17　赤坂第一ビル
TEL	03-6439-6487（出版編集部）
	03-6439-6462（出版営業部）
FAX	03-6439-6489
URL	http://www.kinejun.com
印刷・製本	株式会社シナノ

ISBN 978-4-87376-360-6
© Kinema Junposha Co., Ltd. 2011 Printed in Japan

定価はカバーに表示しています。本書の無断転用転載を禁じます。
乱丁・落丁本は送料弊社負担にてお取り替えいたします。
但し、古書店で購入されたものについては、お取り替えできません。